80後3百萬富翁

龔成 著

目錄

第四章 投資技巧 91

第五章 股票知識 115

序
賺$100萬的方程式

當我28歲，成功以月入$10,000，五年累積$100萬後，財富就以更快的速度累積，獲得第二個、第三個$100萬的速度，也比第一個來得更快，現時已擁過千萬身家，這就是掌握「創富方程式」的威力。

$100萬雖不是大數目，卻是大家可合理獲得的數目，關鍵在於你是否懂得其中的方法，只要掌握這條「創富方程式」，要獲取一個又一個$100萬，根本是一件合理的事。

這條方程式對我們的財富有重大的影響力，可惜學校只著重正統的學術課程，當踏入社會後，就只懂得在職場上打拼，對於如何累積財富，根本是一無所知，致使一般人每當面對工資低、加薪少、物價指數上升、樓價不斷破頂等等的大環境時，顯得不知所措。

就以置業為例，香港樓價持續高企，不少人都負擔不起，這是源於一般人都停留在「工資追資產」的概念，只嘗試以「工資」去追「資產」，這樣當然不會追到，因為工資與資產根本是兩套不同的財富系統，這亦是《80後百萬富翁》所講「加」與「乘」的概念。

正確的方法是以「資產追資產」模式進行，先利用工資累積較小的資產項，再利用小資產去追求大資產，才能有效地累積財富，達成置業的夢想。當然，上述只是整條「創富方程式」的其中一部分，但已經顯示出，如果缺乏理財教育，又不懂正確的創富方法，不單只財富難以累積，就連基本的生活質素也沒可能擁有。

正因為這原因，當我讀了過千本有關致富的書籍，漸漸地掌握了一套創富方法，並助我成功獲得一個又一個$100萬後，我就開始與人分享這條「創富方程式」，因為我知道，這方法放諸於任何一個人身上都絕對有用！

這幾年間，我努力出書、在網上及雜誌寫理財文章、解答大量讀者網友問題、成為創富導師教課程，就是希望一般人，以及一些與我相同背景的年輕人，都能獲得這些學校沒教的重要知識。

這條「創富方程式」並不難掌握，但要在思維上先作一些調整，你最好拋開舊思維，以「零」的模式重新開始學習，將會有不一樣的效果。賺1億元的方程式要配合外在因素，但賺$100萬的方程式相對簡單，你只需要掌握方法，配合努力，你就一定可以賺到。這套方法會在書的第一章講述，簡單來說，就是思維、金錢知識及執行上的配合。

首先是思維上的設定，先將思維設定至「我能致富」的模式，拋棄舊有的限制思維，不要被現有環境所限。即是說，就算這刻身無分文，也要相信自己能夠致富，也要深信自己能累積$100萬，因為只有抱著這思維，我們才能成功致富。

然後就是學習金錢知識，當中包括理財、金錢規則、創富概念、投資技巧等，這些知識與一般人所認知的有所不同（坊間不少知識都是錯誤知識）。之後就是為自己設定理財目標，就算目標看似「不可能」，也可以大膽設定，再計劃一個可行的方法，合理地進行，只需要堅持，一步步執行，你就一定能做到！

龔成問答信箱

當我在2012年出版第一本書《80後百萬富翁》後，我就收到不少讀者電郵，發現很多人都有理財上的問題，其後我在網上設立【龔成問答信箱】，為讀者網友免費解答各種理財問題，刪去個人資料後在網上登出，就是希望更多人獲益，結果大受歡迎，我收到的問題愈來愈多，至今已有過萬條，而且增加的速度愈來愈快。

面對大量的讀者問題，有行家建議我不用回答，又或以收費的形式運作，因為解答這些問題純粹幫人，我並無任何得益，但每週平均要花我10至15小時作答，對我已構成一定壓力，但我知道，我的答案對他們有很大的幫助，因此我一直堅持免費作答。問題內容則各式各樣，由基本的理財知識，到複雜的個案都有，而我每一條都會用心回答，因為我相信每一句説話，都可能對別人影響很大。

作者與讀者是互相影響的，曾有讀者表示，經我鼓勵後，開始定立累積財富計劃，他在一年後再聯絡我，表示已完成了理財目標，並展開了更大的理財計劃。此外，亦有網友向我求救，表示他持有的股票下跌了不少，現應如何處理，我發現他所持都是劣質股，根本沒有守下去的價值，持有愈久，只會對組合愈不利，當刻他雖然無奈，但最後都肯止蝕，半年後，他多謝我為他減少了損失。這些都只其中一小部分的例子，從而也讓我知道，原來坊間有哪麼多錯誤的理財觀念，同時不少人都是缺乏理財知識的，這種種原因都促使我更有動力去解答讀者問題，就算沒有金錢上的回報，也會堅持去做。

我鼓勵大家問問題，「學問」就是懂得問正確的問題，在我的課堂中，我非常鼓勵同學發問，公開或私下都可以，上堂不只是單向吸收知識，更是解決

同學們面對的理財問題，同時令他們在理財上有實際行動，而課堂正是一個互動環境，為同學提供更全面的學習。

【龔成問答信箱】不知不覺已累積了過萬條問題，由於在這些問題中，不少都是一般人正面對的典型問題，因此將精選問答集結成書，已能解決不少人面對的相同問題。相比起理論書，讀者的代入感會更強，相信會有更大的得著。

【龔成問答信箱】會繼續運作下去，但由於有大量問題，以至我回答需時，大家必須理解。若然大家有問題，都歡迎向我發問，你可以在我的fb專頁中，以訊息的形式發問就可以。

導讀

《80後3百萬富翁》是《百萬富翁》系列的第三部曲，《80後百萬富翁》以較為理論的層面，去表述理財概念。由思維開始，到金錢法則，理財規劃，再到投資技巧，一步步教大家獲得$100萬的方法，當中不是教大家買甚麼產品，或一些賺大錢的方法，而是教你一套合理獲取$100萬的步驟模式。

《80後2百萬富翁》則以故事形式表述，內容以我的真人真事為主軸，講出我如何由零開始，一步步獲取$100萬、$200萬的方法，當中的過程、困難、決定，再從當中分享背後所運用的理財知識，讀者又如何應用在自己身上。

至於這一本《80後3百萬富翁》，則是以問答形式表述，比起之前兩本，相信實用性更高，更偏向應用層面。書本主要分二大部分，第一部分包括書的第一章，將「賺$100萬的方程式」詳細解說，好讓讀者先掌握一些基礎知識。

第二部分包括第二章至第九章，收錄了168條有代表性的問答及個案，分成八大類別，由入門的理財知識、基本的投資技巧，到較為複雜的個案分享都有，希望不同程度的讀者都有得著。

讀者問答成了這本書的主軸，好處是個人化，當讀者心中有相同的疑問，就如同為你解答一樣。由於書中揀選出不同類型的背景個案，若然你都有類似的情況，就如同有互動性的效果，幫你作答一樣，同時比起深奧的理論，讀者就更容易掌握和理解。

不過，以問答形式始終未能覆蓋所有的理財知識，同時部分答案未必會太深入，因此，讀者應延伸閱讀其他的理財書籍，例如《百萬富翁》系列的其餘兩本，一併配合學習，將會有更大的得著。

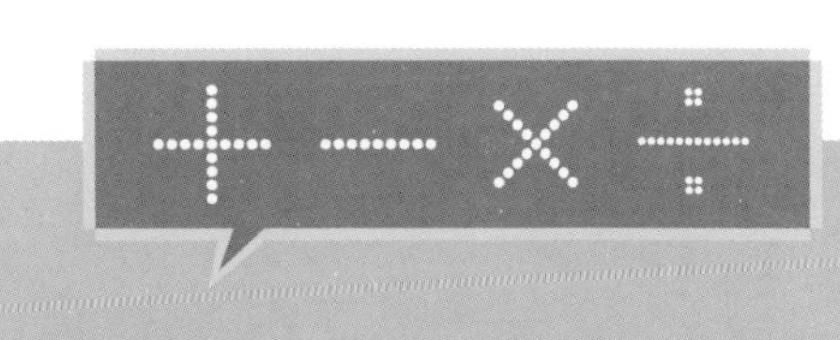

第一章：創富方程式

第一章 創富方程式

啟動

你信不信世上有一條「創富方程式」？

可能你心想，若然真的有這條方程式，哪豈不是沒有窮人？但這裡可以大膽對你說，的確有這一條方式程，而且存在已久。

既然「創富方程式」一早存在，為何世上有錢人只佔少數？答案十分簡單，這條方程式只有少數人知道，而且學校絕不會教，你的父母不知，你的老師不知，你的朋友不知，除非你主動尋找，否則你到老也不會知這方程式的存在。

這條方式程由多個元素組成，由思維，到財務知識，到運用技巧，只要你明白其中原理，就能憑著方程式，一步步帶你進入致富之境。

首先，你要完全改變思維，將舊有與錯誤的思維拋開，因為你已吸收了大量錯誤思維，來源包括學校、家庭、朋友及傳媒，若然你以原有思維去應用這條「創富方程式」，將無法產生效果。

拋開錯誤思維

其中一個錯誤思維，就是學校及考試裡所謂的「標準答案」，因為每一個人都是獨特，世上的事情不斷變化，解決問題的方法絕對不會只得一種，令學生認為「世上都有一個標準答案」，「解決問題方法只有一個」，這是一個危險及錯誤的思維，當學生長大後，面對學術以外、認知以外的事，就不懂得解決。

大家要明白，我們要的是「解決問題」，並不是「在認定模式中盲目向前」，大家一定要掌握問題的核心，然後用思考力去解決問題，而不是盲目地努力，去走一條別人設定給你、看似很合理的路，但這條路的終點，卻不是你想去的目的地。一般人之所以一直無錢，是因為只會用一套其他人（無錢人）都用的方法，而從不用一套真正賺錢的方法。

因此，你一定要拋開「標準答案」這概念，解決問題的方法有多，當中，很多方法都未有人試過，但這不代表不行，只是未有人實行。因此，關鍵在於「解決問題」、「達到目的」，只要能做到這點，根本任何方法都可以。

另一個錯誤思維，就是「限制思維」，同樣在小時候已植入在大部分人心中，在家中、在學校，我們被限制，我們被設定，「你不能做這樣」、「不能做哪樣」，「你只可這樣」、「你只能用這方法」，當我們從小被灌輸「限制思維」，我們只能在框框裡思考，你只懂走別人已走過的路，而無法走一條無人走過的路。

這種思維危險之處，是將一般人的人生，已變成被設定一樣：出生、讀書、拼博、打工、拼博、年老、死亡，當你作出設定以外的行為，就會被視為不好，被視為「錯誤」，但我們都是獨特的人，我們不是要行一條已設定的路，而是走一條適合自己的路。

在致富層面，「限制思維」與「創富方程式」更有著根本性的衝突，這亦解釋了大多數人不富有的原因。當你存有「限制思維」，就無法啟動「創富方程式」，因為「創富方程式」要求我們「不要設限」，若然你無法拋開固有思維，若然你暗中為自己設限，你就無法啟動與應用「創富方程式」。

不要設限

有關學校、家庭、社會上的錯誤思維實在太多，上述是較為影響我們致富思維的，「創富方程式」雖然存在，但這不是一條一成不變的公式，只是一些原則性的方向，方程式在應用時需要你的變通。

「創富方程式」的第一步，就是「不要設限」，過往你被教成「只能這樣」：當你月入$10,000，你最多只能儲$3,000；當你讀書不成，你就不會有前途；當樓價高企，你一世都無法買樓；當你身無分文，你與致富無緣。

你要記住，這些全部都是「垃圾」，是「廢話」，你要將這些廢話全部拋開，從今天起，你不要再設限，你可以完成很多事情，你可以做到很多別人以為你做不到的事。有很多事，根本你是可以完成的，只是你過去一直被「限制思維」影響而沒有去想，也沒有去做。

這條「創富方程式」要求你將自己設定在「我可以做到」的模式，就算你現在月入$10,000，就算你現時身無分文，就算你從事低層工作，就算過去被人說你做不到，你也毋須理會，因為你絕對可以做到！只不過，過去每個人都認定你做不到，你才誤以為自己做不到。從這刻開始，改變思維，相信自己，只有這樣，你便可以真正做到！

可能你仍懷疑，也有很多不明白的地方，但這只是源於你過往接受了數十年「限制思維」、「標準答案」的洗腦教育，你一時間無法改變，這是正常的事。但這裡可以大膽對你説，只要你肯改變，設定「我能做到」、「我甚麼都可以做到」的思維，無論現在情況怎樣，也大膽設定，你的生命將從此改變。

我閱讀了過千本致富書，綜合了致富的關鍵位，發現致富的法則，都是原於最重要的第一步，就是「意念成就事實」，當你深信自己做到，你就一定能做到！相反，若你一開始，與一般人一樣，認定自己不能富有，認定無可能做到，哪就一定無可能做到。

我讀了不少有錢人的經歷，發現他們都有這個元素，他們不會一開始就否定自己，他們在致富過程中，就算面對任何環境，都對自己深信不疑，都堅信自己能夠做到，這是每個有錢人，在未致富時已有的元素。

另外，我自己雖不算有錢，但同樣憑「相信自己」的元素，助我在月入$8,000時儲$10,000，在萬元月薪時，五年儲$100萬，並不斷累積至過千萬，我與大家的出生背景都是一樣，但我不會一開始設限，我由始至終都相信自己，因此我能夠做到，這就是唯一的分別。

又以我的學生為例，有些學生最初無理財概念，只因讀了我的書而啟發，他們發現自己的條件比我好，但財務情況卻遠比我差，關鍵在於他們以為自己做不到，故不為此而努力。但讀了我的書後，他們明白到，只要肯學肯做，原來自己都能做到，他們努力做好理財，不斷吸收財務知識，在我接觸的學生中，最初由零開始，累積到數十萬甚至過百萬的，大有人在。

設定就做到

可能你仍不明白，為何拋開限制思維，並設定「我能致富」的模式，就可以做到？

其實，這是一個過程，是重要的第一步，當你設定後，你就會因此而相信自己，並開始思考成功的可能性，同時，你亦會開始去尋找「可能的辦法」。

即是説，當你設定後，財富不會從天而降，但會幫你開啟了一條道路，帶領你一步步到達終點，你自己會累積財富，你自己會主動學習，你自己會找到方法。這個過程當然要通過你的努力才能完成，但關鍵是，當你第一刻「設定」，你就啟動了過程。

啟動過程後，下一步就是學習知識，然後再尋找可行的辦法。正確的財務知識一般人根本接觸不到，因為一般人都不是身處有錢家庭，生活圈子亦未必有有錢人，無法從父母與朋輩間獲取正確的財務知識，加上學校根本不會教授相關的知識，因此，不少人由出生到老去，都從來沒機會真正認識過有關財務的知識，無法成為有錢人也是正常的事。

因此，你下一步就要學習這些財務知識，起碼要掌握現時世界所運行的財富系統規則，從而幫助自己累積財富。

規則

真正的財富系統規則，與一般人所認知的完全不同，這裡由於篇幅有限，只能帶出其中的重點，讀者宜閱讀其他致富書，例如《財務自由行》、《大富翁致富藍圖》，作延伸的學習。

要累積財富，甚至成功致富，你一定要掌握財務知識，一定要認識財富系統的規則，若然連「真正的財富」都不知是甚麼，哪更不要説累積了。

真正的財富

簡單來説，自從1971年美國放棄金本位後，現金已不是財富，只是政府發行出來的「借據」，現金沒有持有的價值，沒有累積的價值，追求現金差價是極度錯誤的投資方法，現金亦不能用來定義投資項目的價值。

由於現金只是政府印出來的紙幣，理論上政府可以無限發行，因此，現金長遠只會不斷貶值，只能用作交易及備用的工具。當你每月收到老闆給你的工資後，他並沒有給你任何財富，只給你一些無實質價值的紙幣，若然你想累積財富，就必須進行多一個過程，將收到的現金轉換成有價值的「資產」，你才算是擁有財富。

更由於現金不斷貶值，因此在理論上，你愈快將現金轉成資產項，對你的財富愈為有利。因為現金不斷貶值，你持有愈久，能買到的資產就愈少。另外，資產長期升值，你今天購買資產，一定比下年才購買更便宜。所以，我們的社會正進行一場金錢遊戲，這亦是其中一條財富規則，就是當大家收到

現金後，鬥快將現金轉換成資產項，愈快者，換得資產愈多（當然，在實際操作時，把握時機都很重要）。

資產追資產

要累積財富，就要將現金轉換成資產項，但甚麼是「資產」呢？

簡單來説，資產就是「其價值及現金流，起碼能按貨幣系統而增加的項目」，項目本身有實質價值，有持續增長的能力，並會持續產生現金流。

資產可以以任何形式存在，資產可以包括以下項目：土地、物業、企業、生意、股票、版權、專利權、系統、網站、品牌、配方、藥方、程式，甚至可以是商業系統、銷售系統、生意模式、賺錢模式、組織、概念、地位、知名度、人、人脈網絡等。但內裡是否真正的資產，則要再分析才有答案。

對一般的打工仔來説，較易接觸及掌握的，就是「物業」與「優質股」。

由於「工資」與「資產」是兩套不同的系統，因此工資根本無法追到資產，我們只能以資產追資產。打工仔以工資先累積較小的資產項，再以小資產項追大資產項，這才是正確的做法。

在這個金錢遊戲規則下，我們要累積財富，就要不斷累積資產，並以資產滾出更多資產的模式去致富，但絕對不是賺現金差價。普通人都有一個錯誤觀念，就是以「賺差價」作為投資的出發點，以為這就可以累積財富，以為這就可以致富，但這是完全錯誤的觀念。

坊間的「專家」都會教大家投資「賺差價」，要「鎖定利潤」，但這些都是以賺現金為投資的策略，但現金根本不是財富，因此，「專家」對財富系統的認識十分貧乏。反觀現實中的有錢人，他們絕對不是憑「賺差價」致富，他們憑累積資產致富，無論投資或做生意也是。他們會轉換資產，以創造更大的滾存效果，但卻不是炒賣，並不會今天買入，下月賣出，以博取中間的升值價位，有錢人不會買入劣質的投資項目，以博取炒差價的利潤。

明白財富系統的人，只會買入有質素的資產，資產因貨幣系統、經濟增長、自身成長令其產生長期增值的效果，雖然中間價格會有上落，但以長期計，價值必然向上，若然投資者能把握時機，在便宜價買入，財富增長就更加可觀。

不能以價格定平貴

正正由於現金不是財富，現金不斷貶值，因此，「現金報價」是一個有問題的財富單位，但一般人卻作為衡量資產平貴的指標，可惜有錢人不會這樣想。當一隻股票由$80升上$100，表面上是貴了，但若然這企業的盈利、賺錢能力增加了一倍，今天的$100，可以比昨天的$80便宜。

有錢人以資產質素去評估便宜與否，而一般人則只懂以現金報價去衡量。因此，$100的股票可以比$1的便宜，當評估股票時，有錢人用資產負債、企業質素、產品、生意與盈利的成長、賺錢能力、現金流情況、企業前景、生意的營運模式等，作為評估企業的指標，與一般人或「專家」所認知的並不相同。

又以物業為例，今天的$500萬物業，可以比10年前的$300萬物業平，人們常以1997年的樓價作準去比較，但現金已比20年前大幅貶值，單以現金去衡量已不準確。分析物業是便宜還是貴價，應以租金回報率、按揭利率、機會成本、再投資回報率等去分析。

除了評估價值不應以現金作單位外，衡量一個人的財富亦一樣，一般人只懂以現金作為財富單位，但有錢人以「資產」作為財富單位。雖然對大家來說有點難明，但這都是事實，財富系統的運作，就在一般人不知情的情況下進行。

同時，衡量財富組合中，應否持有這項目，我們應以資產本質、在我們財富組合中所佔的比例，決定持有與否。可惜的是，坊間「專家」卻經常教人一些錯誤觀念，例如打電話問股票的節目，當聽眾表示買入了某隻股票，「專家」一定會問聽眾，「你在甚麼價位買入？」然後就會比較現時股價，再給予指示。

其實，投資者絕對不應以「買入價比較現價」的模式去投資，因為這是停留在賺差價概念，而現金更不能成為定義資產價值的單位，因此，單憑買入價去決定持有與否，是極度錯誤的做法！

若一隻股票十分優質，就算現價比買入價賺了一倍，也不應止賺，不應將優質資產放棄，換成貶值的現金。反之，若一隻股票質素不佳，就算下跌了許多，也要盡快止蝕，因為你不應在財富組合中，持有劣質的投資項目，持有愈久只會對財富愈不利，因此盡快賣出是正確策略。我們不應以買入價去決定持有與否，應該用資產質素去決定，我們要確保財富組合中，持有的都是有質素的資產項。

這裡不太深入解釋，但在這些財富規則下，你不能單純以價格定義實質的價值，而是應該用質素。每一種資產項的質素，都有不同的定義模式，所以，財務知識一定要不斷學習，才能在財富上有真正的提升。較好的方法，是專注學習某一類的資產項，住宅物業、工廈、商舖、車位、的士牌、潛力股、增值股、優質股、建立生意等，每一項都是大學問，每一項都有當中的特性、質素評估、分析技巧、便宜與否的定義，絕不能單比較價格，就以為能夠確定其真正價值。因此，你可按你的能力、情況、興趣，主攻一、兩種資產類別，集中分析與學習，這樣較為有利。

複利息

在整個累積財富過程中，初期資金十分最要，單以現金累積財富，當然不能致富，過程中一定要利用投資。初期資金多，意味可轉換成更大的資產，然後資產再憑自身成長成或轉換過程，從而達至財富不斷增值的效果。初期可能投入的工資部分較多，但到了中後期，再投入現金的作用已變得較少，因為資產的成長已愈來愈大，財富根本就在「自行成長」。

若投資「優質資產」，成長速度比「一般資產」快得多，在時間愈長的情況下，兩者分別愈來愈明顯。這是原於複利息的原理，若投資$10萬滾存25年，回報率分別是：5%、10%、15%、20%，你最終滾存的資金是：$33萬、$108萬、$329萬、$954萬！記住，這只是以$10萬作為本金計算。

正因為複利息有驚人的力量，當「本金」、「時間」及「回報率」都達到極至時，你的財富將有驚人的成長，因此，你盡可能增加初期資金，並且盡早開始投資，因為時間滾存出來的力量非常驚人，你愈早開始愈有利。

至於回報率，當然是愈高愈好，但對一般人來説，高回報率可能存有不確定性，對於一個財務知識足夠的投資者來説，找到「低風險，高回報」的項目不是問題，但對財務知識不足的人來説，盲目追求高回報，但卻面對高風險，根本不值得。因此，在你投資之前，你一定要先學習財務知識，有一定的投資能力，才能獲取真正高回報項目，若然你在未有足夠知識前，建議你投資較穩健的項目，在低風險前提下，爭取較為平穩的回報。

逆向思維

上述只是財富規則的基本概念，給大家有初步的認識，大家已經發現，真正的財富規則，與一般人所認知的大不同。當你明白上述的財富系統背景後，下一步就是加快增長，如何更有效去累積財富，而其中一個關鍵位，就是逆向思維。

以儲蓄來説，一般人以「收入 - 支出 = 儲蓄」作為儲蓄的方法，但如果你想有效累積財富，就要盡一切力量儲得初期資金。我是運用「逆向操作」作為儲錢方法的：「收入 - 儲蓄 = 支出」，當儲蓄成為「優先」的項目，成為固定的項目，可變的只有支出，成為累積更大初期資金的關鍵。

當中的關鍵位，就是「先給予將來的自己」，一般人只會當刻享受，著眼現在，儲蓄則放到較後位置，「收入 - 支出」後已所剩無幾，沒有初期資金滾存，無法致富也是正常事。但當我們以「先給予將來的自己」去運作，就會以將來的我為先，以累積財富為先，而當中的運作方法，就是「先投資，後享受」，一般人先享受，然後無錢投資，但有錢人會先投資，待財富增值後才享受成果，由於資產已累積到一定水平，就算往後不斷享受，也不會影響原有的資產，而這亦是「創富方程式」的其中一部分。

另外，要有效財富增值，就要把握投資時機，在長遠來説，現金不斷貶值，資產不斷升值，因此，理論上愈早將現金換成資產愈好，但在實際操作上，若果我們能把握時機，財富的增值會更加明顯，在較便宜的時候買入，就能獲得更多資產項。

只要是有質素的資產，在正常市況的合理價買入，都有不錯的回報，若然能把握便宜價就更好，關鍵在於與市場逆向操作，當投資市場處恐慌期，大家都不想投資、「專家」唱淡、傳媒集中報導負面消息、企業處不景期、經濟不景、大部分投資者都虧損時，就是最好的投資時機。

因為在長遠來説，優質資產總能向好，但中短期都會經歷不景，資產價格因而大幅回落，這時正是最便宜的買入時機，買入後價格未必立刻回升，但只要耐心等待，一定會慢慢回復正軌，資產價值得以呈現。

這節介紹了財富系統的規則，這些規則大部分人不知，但卻影響著所有人的財富，若然你想累積財富，就一定要多了解這些規則，試想想，若你進行一個遊戲，但連遊戲規則都不知道，哪怎麼取勝？

這節簡介了基本的規則，而在下一節，將更仔細講述「創富方程式」中，具體的運作方法。

方法

先增值，後現金流

之前講述了基礎概念，以及身處在財富系統中要知道的規則，而這節開始講具體的累積財富方法。

在累積財富的過程中，我們宜用「先增值，後現金流」的模式，這是用在一生上的。若然在累積財富的初期，過於集中追求現金流，由於這些投資多是較低回報的項目，因此財富增值變得有限，加上當時處於累積的初期，財富不會太多，所產生的現金流有限，亦難以進入「財務自由」的狀態。

因此，在累積財富初期，宜先投資一些增值力較強的項目，先將財富成長，這刻並非不可投資現金流類別資產，只是在比例上，相對會較少。另外，當人生處年輕期，所承受的風險會較高，可投資略為進取的項目；反之，到人生後期，承受風險較低，投資宜保守，較偏向現金流的項目。

由於複利息原理，在初期投資回報率較高的項目，對我們的財富成長有更明顯的影響，因此，初期應先集中將財富增值，其後才將資產慢慢調節。到人生處較後期，或財富已累積一定數量時，才轉到偏向現金流項目，除了有助減低風險外，同時能創造出較可觀的現金流水平。

整個「先增值，後現金流」的過程中，有一個重要元素，對整個過程有著決定性的影響，就是「初期資金」。到累積財富的中後期，再投入資金對其影響不算大，但在初期，投資資金就十分重要，因為這是增值的源頭。

有些人認為，慳錢的作用有限，是愚蠢人才會做的行為，的而且確，單憑節儉無法累積財富，所得十分有限，但慳錢不是單為這個數目的錢，而是增值後的回報，今天省下的$1，就是明天的$10，同時，當投資市場出現大機會時，就要盡力慳錢，因為能創造更大財富。

即是說，在正常的投資環境，我們要保持儲蓄，將現金不斷作投資，轉化成資產項增值，令我們財富有合理增值。但當面對投資市場大跌時，即是上節「逆向思維」中的投資時機時，我們所面對的環境，是「資產大減價」的時機，你能買多少就買多少，這不是一、兩天就完結的事，有時可持續一年，在這段時期內，你要加強儲蓄，盡一切能力慳錢，然後就進行搶購資產的行為，這些都會成為你往後巨大的財富。

一定要懂得投資

「創富方程式」簡單來說，就是一個「累積」與「創造」資產的過程，之後的「五個有效致富方法」會有具體的講述。在整個過程中，都不斷在「投資」，先將現金投資成資產項，再將這些資產項，轉換成其他資產項，「投資」成了其中的關鍵。

投資甚麼？何時買入？何時賣出？投資多少？都是投資時要考慮的問題，當中絕對是大有學問。

在正式投資前，你一定要先學習，有投資知識才可投資，否則將面對更不利的後果，若然你未有足夠的投資知識，但都想享受投資帶來的財富增值，就應投資較低風險或較大路的項目，例如收息股、指數基金，並利用月供形式分散風險。到投資知識增加後，才投資其他較大型的股票，並開始學習捕捉投資時機，之後才慢慢投資較小型的潛力股。

「投資甚麼」是困擾不少投資者的問題，若你明白上述所講的財富規則後，應該知道只有「真正的資產項」，才值得我們投資。資產項即是有價值的財富，土地、資源是最基本的原形，而優質企業亦是其中一項。因此，我們較易接觸到的，就是「物業」、「優質股」，這些都是長期會升值的項目，而我們的投資知識與技巧，將影響我們往後分析「這是否資產？」、「這資產有多優質？」、「當中的合理價是多少？」，以至影響我們的「可投資範圍」。

簡單來説，優質資產就是有某些獨特優勢的項目，長期因著這些優勢而不斷增值，帶動其價值、價格、現金流都不斷上升，資產愈有質素，我們投入的資金可較多，不只令我們的財富處穩健狀態，長遠對我們的財富增值亦最明顯。

至於買入、賣出時機，之前已有簡述，在一般投資市況下，我們都可投資在優質資產，因為這些資產處合理價都有投資價值。若然遇著大跌市，資產處便宜價，當然是大手買入的時機。

至於何時賣出？由於這是優質資產，持有愈久增值愈強，所以在理論上，可永遠持有，不用將其轉回現金。而在實際上，我們都可評估投資市場的環境，若然處過熱時期，資產的價格已遠超其價值，這時都可賣出部分或全部。然後將資金轉換成其他較便宜的資產項，又或將資金作等待策略，期望以便宜價再次買入資產。若然投資者不懂掌握時機或過熱情況，利用「升一倍，放一半」是可行的策略，可收回本金之餘，其餘的就如同淨賺。

投資是一個十分重要的過程，這絕不是賺現金差價，而是持續性的資產增值，大家一定要不斷增加投資知識（並學習正確的知識），這是投資前要做的準備工夫。

五個有效致富方法

上面講述了一些方向性的致富原理，現在更具體講述「創富方程式」中的運作。世上致富方法十分多，但所有的方法，學校都不會教大家，你不要向老師、父母學習，而是向有錢人學習。

在香港，較常見及大家較易運用的方法，主要有五個：「做生意」、「投資股票」、「投資物業」、「成為專家」及「建立佣金收入團隊」。《財務自由行》中有詳細説明，這裡只作簡介。

做生意就是建立自己的生意，一個真正屬於自己的事業，打工只是幫別人建立事業，自己無法享受當中的成果，付出並沒有「累積」的作用。但創業不同，在每天付出之餘，同時在「累積」一些東西，隨著不斷累積創立，生意將進入「自動運作」狀態，這時候，就能自行產生現金流，憑生意致富的大有人在，因此，建議大家由小生意開始嘗試，由自己的興趣與強項作為出發點。

投資股票是適合打工仔的致富方法，因為優質股是其中一項真正的財富，打工仔可利用空閒時間作分析。因此，只要透過技巧，不斷累積，財富就自然滾大。但要注意，坊間大部分的投資方法都是錯誤的，你要學「賺錢」的方法，而不是「多人用」的方法，因此，學習憑投資賺大錢的人、長期賺錢的基金經理的方法，這才對你在投資上有真實的作用。

投資物業是另一常見的致富方法，因為物業是土地衍生出來的其中一種形態，而土地是有限並有強大經濟價值的資源，價格必然處長期上升狀態，加上當中有槓杆成分，只要用上一套合理的投資方法，憑投資物業賺錢並不困難。因此，無論你這刻的財務情況如何，都應先學習一下物業知識，做好準備，到機會來臨時，就能好好把握。

成為專家即是建立個人品牌，你可以在任何一個範疇裡進行，關鍵在於建立「別人心目中的專家」，例如運動專家、吃渴玩樂專家、語文專家等，當中有兩大成功元素，包括你的「專業技巧」，以及你的「宣傳技巧」。你不用做到最好，但要做到最與別不同，建立一個別人容易記得你的形象，這才更有效。由於有「累積」作用，你的「身價」與收入往往以「乘」的速度上升，財富亦是一樣，這是一條不少人都會用的致富路。

建立佣金收入團隊。在香港，從事地產經紀、保險經紀、投資經紀而致富的人不少，因為這些行業的收入無上限，隨著客戶群的不斷建立，就如同資產不斷「累積」一樣，長遠收入不斷增長。另外，這些職業大多可以建立自己的團隊，下屬的收入，上級能獲取一部分的分帳，隨著不斷「累積」，這個團隊將愈來愈大，並且能「自行運作」，不斷為你提供收入來源，成為強大的資產項，香港憑團隊而致富的人，大有人在。

上述五個方法只是香港較典型的方法，你可因應你個人的知識與狀況，創造適合你的方法，方法在運作中略有不同，但都有著相同的關鍵因素，而這亦是應用這條「創富方程式」時的關鍵。

打工者，當你每月付出努力後，你會得到現金工資（不是財富），除此之外，你甚麼都沒有得到，這些收入可能只夠你生活，隨著時間過去，你無法擁有甚麼。但運用創富方法，當你每月付出努力後，你會「建立」了一些東西，這些東西當刻未必是財富，也未必有價值，但卻處於一個建立的狀態，上述五個方法都有這特性。當你不斷付出努力，你正不斷「投入」，這個投入狀態能助你「累積」，只要時間一斷往前走，你的建立就會進入收成期，正式成為了「資產」。

當成為資產後，就是你的財富，這個資產形態不一定要有形，這資產會自行增值，能自行運作，並且不斷產生現金流，而這正是我們追求的財富狀態。

因此，你要仔細想想，在你現時每天的工作中，除了得到薪金外，有否在累積一些甚麼，若答案為「沒有」的話，你就要想方法改變，思考如何有所累積，就算點滴都可以，只要長期進行，你就漸漸見到其中的價值，致富沒有捷徑，往往是透過累積一些「當刻未見成效」的東西，然後漸漸產生價值，當價值呈現時，你的財富增長將以倍計速度上升。

但在眾多的道路中，究竟應行走哪一條路？

關鍵位在於，「將自己放在最適當的位置」，因為每個人都是獨特的，你總有一些獨特的想法別人沒有，你有你的興趣與強項，這是你走的哪一條路的思考點。將你放在最適當的土壤裡，你才能生長成最強壯的大樹，因此，你要了解自己，找出適合自己的道路。

學校所謂的「標準答案」，並將學習與考試模式制度化，影響了學生自我認知的能力，學生只成為了學校、社會所設定的模樣，而不懂自行塑造模樣，這是一件可悲的事。因此，你要拋開舊思維，從「了解自己」出發，找出一條自己喜歡的路，這才有最大的發揮，再配合「累積」這個概念，相信你已正式踏上致富路。

打工並行累積資產

在上述所講的五條道路中，選擇一條或數條全職去做，當然有最佳的致富效果。但對一般人來説，要放棄穩定的打工收入，全職去做生意、或者投資等，都存有一定的風險，同時未必適合所有人，而無收入的心理壓力，將影響其中的效果。

因此對一般人來説，較好的方法是打工同時，並行去累積資產，財富累積速度雖然較慢，但可説較平衡。當你打工時，利用工餘或放假的時間，去學習財務知識，去並行累積資產，這是較好的方法。

就以我自己來説，我踏入社會工作後，只是一名打工仔，由最初月入$8,000，到10年後離職時，工資仍不足$2萬，但我利用這些時間，在打工同時並行累積資產，助我在10年後，可以完全脱離打工生涯。

這段時間我累積了一定的資產項（有形與無形都有），其中所產生的現金流，已足夠抵銷我日常的開支，因此我進入了基本的「財務自由」狀態，我有條件選擇，我可以做我喜歡做的工作。這時候，我辭去了銀行工作，由兼職建立資產，進入了全職建立資產的狀態。

「做生意」、「投資物業」、「投資股票」、「成為專家」、「建立佣金收入團隊」，這幾條道路在我打工10年的生涯中，我一直有並行去做，我利用工餘時間，一點一滴去建立，當中有成功、有失敗，但一些「資產項」就這樣漸漸地累積起來。同時，我亦不斷閱讀致富書籍及進修學習，吸收知識，以瘋狂的狀態不斷「搶」財務知識，因為我知道，財務知識必然與我的財富成正比。

我利用正職與兼職去獲得收入，但得到的只是現金，然後我將這些現金轉換成資產項，例如優質股，有些一直持有，有些在產生倍計增值後，轉換到其他類別資產中。除股票外，我一直努力建立及累積其他形式的資產項，經過10年的「儲資產」的過程後，我的資產所產生的被動收入，已大過我的日常支出，因此我作出突破，辭職全力建立資產，財富的增加當然比以前更快。

各位，我既不是天生懂得這些知識技巧，亦不是富二代，只是一個公屋長人，月入萬多元的普通80後，但我不甘心，我不想「打死一世工」，我想做我自己想做的工作，我想過我想過的生活，我想進入致富的行列。因此，我在打工同時，作出比別人更大的付出，當別人吃喝玩樂時，我正在學習財務知識，我正不斷建立資產，但我相信，只要我肯努力，我就會得到回報，而你，同樣都是。

爆發

在上述三節中，講述了「啟動」、「規則」及「方法」，其實，大家已經掌握了這條「創富方程式」的基礎原理，接下來就是不斷學習財務知識，以及實際行動。

你已經啟動了致富的思維，你已知道了方法，你可以選擇行動，又或停留在原地。可能你現時仍信心不足，動力不夠，可能你只進行一半便想放棄，而這一節的內容，正正是提升你的動力。你心中想致富，但無法將這份渴望，成為當中的推動力，下面幾個元素，正是助你堅持的原動力，同時，更成為引爆你潛能動力的爆發點。

夢想

如果你無夢想，基本上做甚麼都沒有動力，因此，你一定要找回你的夢想，這些都是你曾經擁有過的夢，但因現實環境，使得你在不知不覺中放棄了，所以今天，你應該想一想，到底你心裡的夢是甚麼？

你不要設限，不要被當刻環境影響，你應先重拾夢想，然後認真地思考夢想成真的可能性，是真的不能？抑或只是「想都不敢想」？你要知道，世上有很多人都能完成夢想，但他們與一般人最大的分別，只在於敢想敢做，因此，這刻你不用擔心夢想有多難實現，先不要設限，好好想一想，你的夢想在盡全力的情況下，有沒有可能實現？（請認真思考）。

然後，你再問自己，過去這麼多年，有否認真看待過這夢想，有否為這夢想努力過，你曾經為這夢想付出了多少？

若然你想將夢想實現，首先，要重新了解自己，自己是否真心想達成這個夢想，而為了這個夢想，你願意付出多少？當有了答案後，你重新明確一次夢想，立下決心實現，然後將自己設定在「我能實現這夢想」的狀態中。

下一步就是計劃，不要有限制思維，你要思考哪些道路行得通，要盡力去想。記著，世上沒有一條暢通無阻的路，若你要等所有的燈號都為綠燈才敢行，哪就只能一世等待，當你擁有夢想，有了大致的計劃，就已經可向前行。

你可以有不同的夢想，若然你的夢想與金錢有關，又或要先擁有財富才可去完成的話，這刻就要以累積財富作為目標。而心中的「夢想」，正是助你更有動力去追求財富，成為進行財富計劃的支持點。

我自己都有不同的夢想，部分要先擁有財富後，才有條件去追求，因此，我視追求財富為重要目標，每當我遇到困難，或追求財富的動力略減時，我就會提醒自己心中的夢。每當我想起，我已一步步接近我的夢想時，我的動力就會提升，我所面對的困難，都只是一些小考驗，絕對不能阻礙我追求夢想的決心。

因此，你只要有夢，你已有一鼓原動力在其中，很自然推動你進行致富大計，很自然在你進行計劃的過程中，成為永不放棄的元素。只要有夢，就能引爆無限潛能，助你做到過去以為做不到的事，成為你達成致富大計的最重要元素！

慾望

雖然我不太想講，但在我整個累積財富的過程中，「慾望」與「不滿」成為了重要元素，這與夢想一樣，成為我的推動力，我有些夢想，由不滿產生；我有些夢想，由慾望產生。

我相信不少香港年輕人與我一樣，過去一直面對香港地少人多的環境，每個人生活空間相當有限，我並不是追求誇張奢華的生活環境，我只想追求一個「基本合理」的生活環境，但在香港這個壓逼的情況下，大部分人就算盡力打工工作，都無法達致基本的生活環境，我不知你想不想改變，但我就真的十分渴望改變！我想改善生活環境，這心態成為我追求財富的動力，既是不滿，又是慾望，可能你視而不見，但我卻決心改變！

每天面對的環境，就是提醒我不斷努力的推動力，我面對與大家相同的環境，我不想就此放棄，我只需要一句「其他人都是這樣」，我大可向自己交代。但我知道，只要我肯努力，我就有機會改變現狀，我就有機會夢想成真，哪怕夢想好像很遠，但憑著我已設定「我一定做得到」，我深信，只要我堅持再堅持，我就總有一天成功的！

過去我面對過挫敗，有灰心的時候，我都會有一刻，想到夢想與現實有距離，因而產生自我懷疑，但每當我見到不滿的現狀，見到一些我很想擁有，但未能擁有的事，我就會好好利用這份不滿與慾望，我會大聲同自己講，只要我不放棄，我就會做到，就算這刻離夢想很遠，我也要相信自己，我也要繼續向前！只要我抱著「絕不放棄」的心，堅持向前行，我深信，我終有一天能到達終點的！

各位，你可能面對一個不滿的環境，但你不要放棄，你反而要好好利用這

個「不滿與慾望」的情緒，成為你向前的強大動力。當你有恐懼、有困難、有懷疑時，就想想你這份情緒，為了改善現狀，你要克服恐懼，你要克服困難，這份情緒所能產生的動力，遠比你想像中大，只要你好好利用，就能成為整個「創富方程式」中，強大的動力來源。

決心

很多人以為成功致富、成功達成夢想，關鍵在於這個人的能力，但實情並非如此。能力只是其中一個元素，但絕非最關鍵的元素，相比起「夢想」、「慾望」與「不滿」，這些致富動力源頭，「能力」根本不入流。

要成功致富，又或夢想成真，除了上述元素外，另一決定能否到達終點的，就是「決心」了。

決心不足成為能否到達終點的分水嶺，不少人以為成功之路，是一條暢通無阻的路，但這根本是大錯特錯的觀念。真正的成功之路，是由無數的失敗之路所堆切而成，你必須要經過失敗、失敗、再失敗，才會到達成功的終點站，這是所有成功人士都知道的。但一般的人，卻經歷一兩次失敗後，就輕言放棄，可惜他們不知道，這根本是成功之路的中途站，是不能避免的過程。

因此，你若然想致富，就必定會經歷很多挫敗，但這絕不是叫你就此放棄，相反，這是提示你，你正身處成功致富路的中途站，你已經行在正確之路中，接下來所需要的，就是你的堅持。「決心」成為了關鍵元素，你愈大的決心，就愈能克服困難，致富之路並不困難，難就難在人們無法堅持，只要你有決心，你就不會放棄，致富亦是遲早的事。

坦白講，99%的香港人都想致富，但抱有「決心致富」的人，相信只有1%，在讀完上述章節後，其實你已知道致富的方向。但就算如此，你的動力仍不夠大，關鍵在於決心未夠，「想致富」與「決心致富」是兩個完全不同的狀態，這亦解釋到，為何有錢人只屬少數。

若然你想致富，就要將致富視為生命中，一個非常重要的目標，你的決心愈大，做到的可能性就愈高，同時，最終滾存出來的財富，也與你有多大的決心，形成正比。

為何我要與當年的女友，進行一場「瞓街」的賭局（內容在《80後2百萬富翁》一書中詳細講述），為何我的致富目標，要高聲同別人講，關鍵在於，我要提升自己的決心，我要逼自己做到。

如果設定一個目標，而你未能做到，但又完全不需要承受任何後果的話，就只會淪為「可有可無」，你能夠完成的動力肯定有限。但當我無法擁有$1,000萬時，我就要「瞓街」，加上身邊的朋友們都在「看著我」能否完成目標時，我要完成目標的決心就會大大提升，這絕對不是一個「可有可無」，又或「講完就算」的目標，而是我做不到的話，就要面對後果，這自然能夠自我鞭策，盡一切辦法完成目標。

決心是致富的強大動力來源，大家一定要在過程中善用。提升決心的方法有很多，包括設定不能完成目標的後果，以及能完成目標的回報，你要找到能加強你決心的方法。當你發現「決心致富」的人很少時，你就知道大部分人一生無法致富的原因，同時你亦明白到，只要你抱決心致富的心態，將致富視為一個非常重要的目標，基本上，致富對你來說，只是時間的問題！

做自己

希望經過上面各節的內容後，可以令你認識到這條「創富方程式」，方程式不同學校的公式，你知道上述的方向後，要因應自己的情況，走出一條屬於你的致富路。

坦白講，致富之路並不易行，不少人在中途已經放棄，而能夠堅持的，都是憑著「夢想」、「慾望」、「不滿」及「決心」，去提升自己的動力，當中更有一個重要因素，貫穿了整個過程的，就是「做自己」。

當中的關鍵位，就是走一條適合自己的道路，若你走一條不適合的道路，只會事倍功半，同時放棄的可能性也相對較大，因為這並非你最想走的道路。致富方法有很多，你要找出自己的興趣與強項，再配合致富的方法，思考如何利用自己的特點去創富，這是困難的一步，因為要透過「思考」，而思考並不是學校的課程。

你可以想想，自己的興趣，能否化成事業，自己獨有的強項在哪裡？配合現時的市場環境，能夠創造甚麼？若然未能找到，就可以利用「優質股」和「物業」這兩個最易接觸的資產項，在打工同時並行累積資產，相信是最簡單的方法（詳細策略在《財務自由行》一書中講述）。

你的職業應該是自己的興趣和強項，若然你只是基於社會、學校或父母作為入行業的主要考慮元素，哪只會浪費自己的潛能。因為自己真心想做的，與別人期望你做的，往往是兩回事，因此，就算是打工，你也要盡量爭取「做自己」。

無論你現時讀書或在職，你都要問自己，你最喜歡做甚麼？你的強項是甚麼？你想成為一個怎樣的人？你最渴望的工作環境是怎樣？哪些工種最適合自己？

記住，你不是要找最好的，而是找最適合你的。當你真心喜歡自己的工作，做自己喜歡做的事，就能讓你全力發揮，把潛能在適當的地方爆發，到時你就會自然地投入，亦會自然地在工作中變得更強，所以最終能夠在本職成功，根本是自然不過的事。

無論是打工、創業，抑或是其他幾條致富之路，你都要盡量「做自己」，做自己喜歡的工作，錢就自然來，這亦是「創富方程式」中，貫穿整個過程的核心。

上述是整個「創富方程式」的核心內容，當然，這只能指出較精要的部分，你可以閱讀《80後百萬富翁》、《80後2百萬富翁》作為延伸學習。

我相信，致富並不困難，賺$100萬更是合理的事，只是人們不相信自己做到，因而「想也不敢想」，更加不會去做。若他們明白，只要懂得方法，敢想，敢做，基本上每個人都做到的。這刻你已知道了其中的方法，只要你今天定出計劃，落實致富第一步，你就一定一定能做到！

問答個案篇

第二章：入門知識

賺$100萬的第一步

Q1: 我想有第一個$100萬，哪麼我第一步應該怎樣做？儲錢？

龔成老師

你有兩件事要做，第一是儲錢，初期資金十分重要，要將錢滾大再滾大，首先就要有初期資金，所以盡你一切的能力儲錢，然後投資，將錢變大。

第二是學習投資知識，學校沒有投資知識的課程，所以一定自學，若然不學習就開始投資，只會在投資市場「交學費」，所以，先閱讀投資及理財類的書，尋找合適課堂，這是必要的。

錢並不會從天而降，但就可以合理地累積，理財是一個規律的過程，每天、每月重覆做一些簡單的事情，慢慢就會見到神奇的效果。

初期資金十分重要，定一個適合你的儲蓄計劃，並開始穩健地投資，錢滾錢的複息威力可以很驚人，但就需要你的初期資金。

NOTE

如何累積數百萬？

Q2: 成哥，你如何由幾萬元變幾百萬元呢？

龔成老師

簡單來説，就是有計劃去進行一件合理的事。我月入$10,000萬時，每月保持儲蓄，然後投資，利用平穩增值的原理令財富變大，10年間，就慢慢地滾出了數百萬。

我用了10萬字去寫我怎樣由月入$8,000，直到累積數百萬，你可在《80後百萬富翁》、《80後2百萬富翁》讀到相關內容，第一本較為理論，第二本則以我的個人故事為軸心，解構怎樣一步步累積財富。

我所做的不是誇張的事，而是一般香港年輕人都可以做到的事，由幾萬到幾百萬，看似是一件大事，但只要將大事化成每天的小事，就會發覺這些小事根本每個人都做到。

儲蓄、投資、學習，我相信每個香港年輕人都做到，但可以堅持10年的又有多少人？我經常説，我所做的根本是每個人都做到的事，只是大家無法堅持去做。

NOTE

簡單養成儲蓄習慣

Q3: 我想問如何養成蓄錢習慣？

記下自己的收支，以及資產狀況，起碼要每月記下，當你見到自己每月都因為花錢在無意義的事，而令自己財富連月來都停滯不前，你就知自己要儲蓄。當你養成每日記數後，我肯定你會把自動儲錢成為習慣。

除此之外，定立明確的儲錢目標、不用信用卡，清楚分辨想要與需要，都是有效的好方法。

我在20年前已養成了每天記帳的習慣，記下每天花了多少錢，現時已可以用手機應用程式去記錄，十分方便。記帳不是要自己一毫子也花，而是要明白自己的錢花到哪裡，分清「想要」與「需要」的分別，你自然能每月儲到錢。

如果你是紀律較弱的人，可以到銀行參加一些儲蓄計劃，例如零存整付。又或進行月供股票，如月供盈富基金（2800），都是一個簡單的累積財富方法。

NOTE

怎樣提升收入？

Q4: 阿Sir你好，我報讀過你的股票班，十分實用，股市上都有收穫，但我的問題是資金太少，就算上次跟你買都只賺幾萬元，我今次反而想問，你在最初工作工資不高時，如何增加本金呢？我都想早日有$100萬。

龔成老師

我最初出來社會工作時，人工只有$8,000，我是靠「其他收入」來增加總收入的，我做正職的同時，曾做過補習、教興趣班、做小生意、投搞等，當時我仍未寫書，就是靠上述去增加收入，提升本金。初期資金真的很重要，所以我用盡一切方法去累積初期資金。

長遠來説，你要思考現時工作的長遠發展及薪金升幅，若果你預期5年後、10年後，薪金都是與現時相約，就要思考轉工、轉行，甚至創業的可能性。

我之前做銀行工，發現了我旁邊年資多我20年的同事，薪金與我相約！我就明白跳出去是出路，於是一邊做正職一邊創業，尋找出路。

NOTE

如何保持一團火？

Q5: 龔成兄，我知你好有一團火，我想問如何維持每日都可以充滿熱血地去學習和工作呢？因為有時早上一起床，已經沒有了前一日的拼勁，甚至沒有動力去做任何事。

有夢想是所有事情的核心，我有夢，所以每日起身都不是捱，而是期待，當學習、工作，以至識朋友時，都是向著我的夢想不斷前行，加上這都是我喜歡的工作，所以任何時候我都能夠保持衝勁。

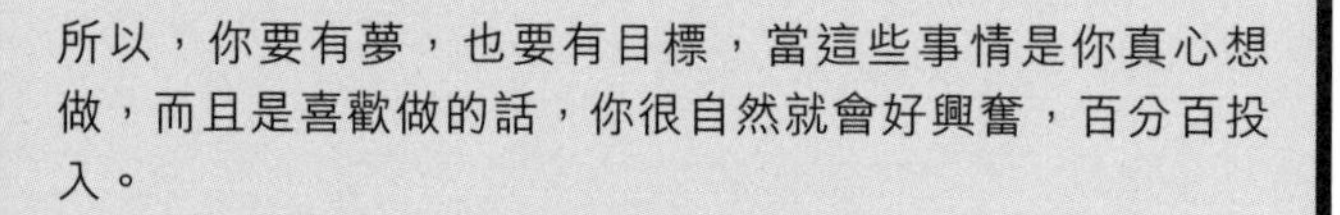

所以，你要有夢，也要有目標，當這些事情是你真心想做，而且是喜歡做的話，你很自然就會好興奮，百分百投入。

另一點同樣重要的，是你有沒有向著夢想前行。

當你每天所做的事，都與你的夢想一致，都向著你各種達成夢想的目標前行，你整個人會不一樣，你的動力會大幅提升，我相信這是你沒有火、沒有動力的原因。

NOTE

如何增強分析力？

Q6: 老師，你的知識好豐富，分析力好強，但我想知你是如何煉成的呢？我都很想變到跟你一樣。

龔成老師

擁有知識就能提升分析力（是知識不是資訊），我的知識主要是閱讀，由20歲開始，我保持一星期讀一本書，如今已超過千本了。我18歲開始經常參加各類型的投資講座，甚至花錢報讀一些需繳交學費的課程，我深明知識非常緊要，所以我是不斷地吸收投資知識。

此外，我讀書時期已到證券行做暑期工，畢業後做銀行，這些都有助我增進相關的知識。

實戰是吸收經驗的途徑，我每次買股票前，都習慣詳細記下自己買這股票的理由和策略，到沽出後，又會檢討，這過程令我不斷提升知識，加上每次都是謹慎投資，贏面自然大。

NOTE

自學投資哪裡入手？

Q7: 嗨，nice to meet you，小妹22歲，打工仔一名，平均月入$15,000。每月撥出一小部分收入用作儲蓄保險供款，今年想儲「子彈」之餘，亦想學習投資知識，但工時長，難抽時間上課進修，請問可以從哪裡自學呢？

龔成老師

以你年紀來説，你的工資都不算太差，只要好好運用，將來必能累積一定的財富，所以你要好好學習。在真正投資之前，首先一定是知識增值，閱讀是十分有用，你不妨多閱讀一些理財類別的工具書，之後再鑽研投資類的參考書，然後再閱讀股票及樓市的書，因理財創富知識最重要，你從這方向增值便可以。

另一方面，你要多留意財經新聞，每天花10分鐘看看財經新聞，每週也要讀些財經雜誌，最初可能會有很多不明白的地方，但知識沒有捷徑，一定要慢慢累積的。

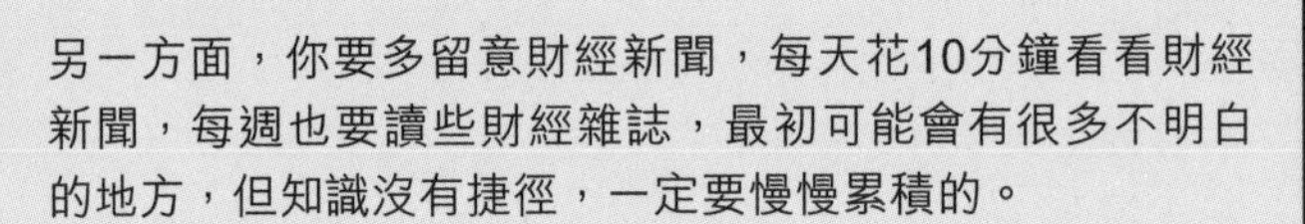

坊間雖然有很多資訊，但知識比資訊更重要。另外，你要學習正確的知識，坊間不少知識都是錯誤的，你要跟憑投資真正賺大錢的人學習，這是我跟從巴菲特學習的原因。

NOTE

ETF是新手之選

Q8: 您好，本人剛開始學投資，很多不明白的地方，敬請賜教。其實如果長遠計，買入ETF作投資，可以嗎？有股息收嗎？因為覺得ETF係一籃子投資，是嗎？因為現時確實是無方向入市！

龔成老師

ETF即是交易所買賣基金，現時在港有過百隻，編號為28XX、30XX、31XX，當中有不同的範疇，例如港股、中國股票、外國股票，或其他資產等，每隻ETF所投資的項目都不同，你可以在該基金的網頁仔細看看其投資範圍。

盈富基金（2800）就是其中之一，當中所選的是恒指成分股，是在香港上市50隻最有代表及有一定質素的股票，所以不錯的。當你投資盈富後，如同買入50隻股票，而這些股票派息時，你都會得到股息。

如果你不懂選股，簡單投資ETF如盈富，已能有平衡風險及平穩增值的作用，長線投資是可取的。另外，如果怕一次過買入有風險，可以分段買入，又或以月供的形式進行，都能有效分散風險的。

NOTE

新手投資入門

Q9: 你好，我今年25歲，剛剛找到一份相對穩定的工作（月薪$30,000多），想開始投資，我很認同價值投資和長線投資的理念，不過一直以來讀到的只流於理論，當實際操作時，例如從選股，以至透過甚麼途徑買股票（經銀行？還是證券行？）都一無所知，所以無從入手。

龔成老師

銀行的分行會較多，處理較方便，而證券行手續費較便宜，你可先作比較。

就初學者而言，可從較低風險的股票著手，例如收息股、公用股、交易所買賣基金（ETF）、房託（REIT）、恒指成份股等入手。你亦可從坊間的財經網站裡找多些資料，建議先多了解股票為何物。

另一問題是價格，初學者未能捕捉股價的高低，所以，策略上宜用分注買入的方法，將一注資金分成多注，然後在不同的價位分別買入，這樣就可避免一次過在高位買入的風險。

另外，你亦要加強吸收知識，多閱讀理財類別的工具書，以及多接觸財經新聞，而進修相關課程亦是重要的知識來源。

小資金應買哪些股？

Q10: 龔成老師你好，我今年18歲，讀副學士一年級，只有$3,000儲蓄，平日做兼職賺取生活費，打算儲到$10,000就嘗試買賣股票去改變現況，但對股價認識很少，可以從何入手？

龔成老師

當年我都是18歲開始買股票，其實你已可以去開戶口，然後努力儲錢，有足夠資金就可入貨，了解一下股市的運作，初學者可選盈富基金（2800）、公用股、收息股、房託等，都是適合你的。

同時，你亦要不斷吸收知識，多閱讀理財投資書，多看財經新聞，進修學習，增加知識，裝備自己。

這刻雖然資金較少，但你有最大的優勢，就是時間，就算資金不多，只要有足夠的時間，透過複利息原理，都可以滾存到一定的財富。

你先從上述所講的股票入手，到有一定的知識與經驗後，再投資潛力股等類別的股票，只要你在這幾年知識基礎打好，到將來真正工作賺錢時，財富就能有可觀的累積。

NOTE

買股票會蝕多少？

Q11: 你好，我是一名新手，現想投資，金額大概$50,000左右，我月入約$13,000至$15,000，剛剛看到收息股、中銀等等，請問如果月供股，或直接購入收息股，風險大嗎？萬一跌的時候，是否不能取回本金呢？我對股票真的一無所知，求解答。

另外，又有沒有一些類似定期存款，純收息的投資呢？

NOTE

投資股票總會有風險，簡單舉例說，假如你以股價$25買入中銀香港（2388），若果中銀的股價下跌至零，你就會本金盡失，但甚麼情況會令這公司的股價跌至零呢？就是公司倒閉。

因此，我們選股時，只要選一些穩健的大型企業，倒閉的機會很低，哪就可避免我們的損失。例如中銀，公司倒閉的可能性極低。

但你要明白，股價是會變動的，當你以$25買入，但股價下跌到$20，若然你這時賣出，你就會損失20%，當企業面對不利情況，或你以過高股價買入，都會有這情況。而短期股價波動，你可以不理會，因為只要是優質企業，長期的股價自然會慢慢上升，因短期股價只反映市場情緒，而長期股價則反映企業價值。

由於你是初學者，相信收息股較適合你，港燈（2638）、合和公路（0737）、香港電訊（6823）、內銀、房託都是你可考慮的範圍，建議你分段吸納為佳。這些股價雖然變化不大，但都會受市場影響而波動的，分段策略有助分散風險。

而你所講的收息工具，其實是有的，哪就是債券，即是買入後，到期還本給你的工具，其中會收到利息，但債券的利息一般都不高，如果是高息的債券，往往評級又較低，未必適合你投資。

你宜了解更多有關於收息股和債券的資料，相比起投資，相信知識對你來說更重要，宜多閱讀及進修。

龔成老師

大學生買股票入門

Q12: 你好！我是一個大學生，看完你的書後感到獲益良多。雖然我現時未有收入，但我希望能以自己的儲蓄嘗試學習投資。可是，我卻無從入手，希望你能夠解答以下一些疑問（請不要怪我問一些愚鈍/欠常識的問題）：

1. 現時我的儲蓄大約有$30,000，足夠買股票嗎？如何知道哪間公司的股票最低買入價？應該選擇甚麼銀行/公司買股票？

2. 你曾提及，其中的課堂會教授電腦選股，我們用到嗎？

3. 明白了選擇優質股的條件後，有沒有甚麼網頁/書籍能夠提供相關資訊，有助我分析何謂優質股？從哪裡能夠知道上市公司的資料，進行分析？

4. 我很想了解成哥你平時取得資訊的途徑，例如看甚麼報章或網頁？

NOTE

1. $30,000足夠買股票，只要你預留部分應急及生活費便可，但初學者不要一次過買入同一隻股票。你可以從一些財經網頁檢視上市公司每一手的股數，例如長和（0001），每手股數是500股，即是500股是最低入場費，你所買的股數亦要是500的倍數。證券行或銀行都可買股票，不過現時的人普遍都選擇銀行，如中銀、渣打、滙豐，你可自行比較服務及收費。
2. 有關電腦軟件，我的股票班會詳細教你用，十分易用的，你學懂後，可在家自行運用，這些軟件不另收費的。
3. 從財經新聞、報章及雜誌得到資訊，亦可從證券網、銀行網找到公司簡介。若要較詳細的分析，就一定是閱讀該公司年報，從港交所的網頁下載。
4. 我每天都有看新聞，尤其是財經新聞的習慣，電視及網上資訊都有睇，間中都會睇報章雜誌。不過，企業年報才是我最大的分析資料來源，而上述這些新聞資訊，反而只佔我分析的小部分。

龔成老師

NOTE

怎樣提升股票知識？

Q13: 成哥，小弟是《80後》的讀者，明白投資的重點，但我之前未接觸過股票，看到你的股票分析文章，還有一些公司年報，小弟完全不明白，更遑論獨立分析，因此還哪有置富的信心？事關當我讀完《80後》，發覺最重要和最困難的，正正就是尋找和分析優質股。

龔成老師

《80後百萬富翁》只是基礎，我平日撰寫的文章，有部分是實戰，而當中部分內容可能會有點深奧。其實，我還出版過一些專門講解股票的工具書，例如《50優質潛力股》、《50穩健收息股》等，你讀完後，相信將有助你打好基礎，不要太輕言放棄。

你亦應該增進你個人的財務知識，宜多讀致富類的書，而投資股票只是致富的其中一個方法，多閱讀相關工具書，有助拓寬視野。另外，不妨多讀巴菲特的書，助你掌握更豐富的投資知識。

在你未有足夠投資知識前，你不用太心急去找倍升股，反而投資盈富基金（2800）、收息股等，即是較低風險的股票，先打好基礎，一邊累積實戰經驗，一邊再不斷進修，增加知識。

選股對不少人來説都是困難的，所以在我的股票班中，會講述5套選股方法，給學員配合使用，這些都是經過我十多年運用及不斷優化後，成為很有系統的選股方法，能有效提高你的選股技巧。

致富類書推介

Q14: 成兄，自從讀了你的《80後百萬富翁》一書後，我大開眼界，方知道閱讀可以學到很多知識，你哪本續集，我也看了，你可以再介紹多一些類似的書給我嗎？另外，應該如何順序讀你的著作呢？

龔成老師

對，閱讀真的非常有益，所以我已養成閱讀習慣，我估計已讀過逾千本致富類工具書，推介如下，有部分可能要到圖書館借閱：

《我十一歲，就很有錢》、《經濟蕭條中，七年賺$1500萬》、
《富爸爸，窮爸爸》、《思考致富聖經》、
《秘密》、《財富金鑰匙》、《有錢人想的和你不一樣》
《世界上最偉大的成功寶典》、
《洛克菲勒寫給兒子的38封信》、
《解讀巴菲特》、《巴菲特傳-永恒的價值》、
《勝券在握》、《智慧型股票投資人》、
《非常潛力股》、《彼得林區的選股戰略》、
《誰搬走了我的乳酪？》、《人性的弱點》

至於我的著作如《80後百萬富翁》、《80後2百萬富翁》、《80後3百萬富翁》等，都是較基礎入門的，是理財類別。《財務自由行》、《大富翁致富藍圖》則是進階版，屬於創富類。《50優質潛力股》、《50穩陣收息股》是股票類、實戰類，閱讀次序可較後。

無錢怎樣學知識？

Q15: 龔SIR，我真的是很想報讀你的股票班，我知你很有實力，有別於坊間一些所謂的專家，但對我來說，收費的確是偏貴，坦白講，我根本負擔不了，可是我內心又渴望有機會聽你講課。

明白你的情況，但我反而想講一個思維，一般人手上有$1,000，只會做$1,000的事，但有錢人如果有$1,000，卻會做$5,000的事。首先，他們不會限制自己，亦不會說自己做不到，而是會踏出第一步，再想方法令自己做到。

另外，他們亦常用逆向思維，之前我結識了時昌迷你倉的老闆時生，他與我分享了一個經歷。

金融海嘯期間，銀行不肯為屯門工廈融資，在無人接貨下，部分工廈呎價即時下跌50%，時昌當時看中某屯門工廈，地點不錯，價格又非常吸引，很適合改成迷你倉。但當時整個市場都缺乏資金，銀行既不肯提供融資，手上現金又不足，是否放棄？

當時，時昌先跟業主磋商，結果雙方同意延長成交期，時昌隨即開始裝修，並同步大肆宣傳，吸引客戶，在交收前已開始招租，最重要當然是預收客戶租金，即時大大增加現金流，成功手持充足現金進行交易，並完成整個購買過程，以零手頭現金情況下獲得物業。

所以，有錢人與一般人的思維往往不同，有錢人對於投資看得很重，用盡方法去做。投資無論在實物還是知識上，都能達到「錢搵錢」的作用。

初階者應否上堂？

Q16: 成哥，知道你開辦的股票班經常爆滿，其實我一直都想報讀，但我是初學者，程度適合嗎？另外，也想知道，課程內容會以短炒抑或中長線股為主？

龔成老師

初學者都可以報讀的，因為課程設計以初中階為主，由淺入深，保證你明白，第一、二堂會是較基本的知識，下課後，回家要溫習內容，還要上網，具體了解一下股票，之後就會跟上程度了。

課程沒有短炒，也沒有技術分析，有別於坊間的課程，亦與你平時從媒體所聽到的炒股心法不同。因為股票的真實面是企業，所以一定要從收購企業，並以經營者的角度去分析，是長線投資。其實，投資股票是享受有獨特優勢的企業，其價值憑藉經濟及自身成長，從而長期帶動股價的上升。

順帶一提，這種投資方法，亦是憑藉最賺錢的投資人、最賺錢的基金經理及有錢人所運用的方法。簡單來説，你讀完後，便會學到一套風險不高，但又能助你穩健投資股票的方法。

現時我最熱門的一個課程就是【投資倍升股課程】，報讀人數已有2000人，幾乎場場爆滿，在香港、澳門都有開班。這課程適合初階至中階的投資者，課程會由淺入深教授，令學員能完整掌握整套投資概念。整個課程以實用為主，學員完成課程後，都能自行運用。

(續下頁...)

完成課程後，基本上你可以掌握到：自己設定投資策略、掌握資金分配、能分辨股票優劣、懂得自行尋找優質股、能掌握大市的買入及沽出時機、能評估現股價處平或貴。

我相信，就算你只是初階者，也有巨大得著，因為這是一個完整的課程，你學完後能掌握最重點的知識，助你在一生中，減少了大量投資虧損，同時提高了回報率。

NOTE

問答個案篇

第三章：理財創富

如何安排特殊消費？

Q17: 你好，龔成！多謝你的facebook專頁。我學了很多東西。請問你是如何安排人生大事的消費，例如結婚、買樓、裝修等等一次性的花費？可以分享你的想法嗎？謝謝你呀！

龔成老師

通常會採用兩個方法。

第一、是平時的準備，例如我過去在打工時期，每當公司出花紅，又或我有某些特別收入時，都會將這部分另外儲起來，留作日後的特別支出。

另一方法是先投資，待財富增值後，增值部分及現金流才用於消費，達至有本金又能有消費的效果。

很多人將「一生人一次」的字眼無限放大，往往消耗了一生的儲蓄，雖然我認同有些事情的確很重要，但都不能單看這一刻，要從長遠角度作平衡。

例如我有朋友因搞結婚而用盡了儲蓄，更因此而用盡信用卡借錢，婚後的生活卻有點辛苦，我會想，你重視「婚禮」，還是「婚姻」？

NOTE

與女友一同儲蓄投資

Q18: 老師，若果我用$3,000月供股票/基金，其中$1,000是女朋友所出的，因為她沒有任何理財概念，而我看過你的書，深深明白及早作長遠投資的重要性，你認為這樣可以嗎？

龔成老師

當然可以，若你們感情穩定，開始思考將來，就要一同為將來的生活費作準備，只要你跟女朋友説「這樣做是為了我們的將來」，給她看將來的願景，她就會支持一起儲錢的。

要改變一個人的觀念不是易事，因此要慢慢來，由$1,000開始是可以的，讓她知道儲錢投資的好處及目的，之後再慢慢增加。

當她具體見到儲蓄的好處、投資的成果後，自然會明白理財的重要，同時會認同你所講的。這時再教育她更多知識，長遠對你們更有利。

NOTE

強積金狂轉組合後果

Q19: 成哥，我有件重要的急事，想徵詢你專業意見。

我朋友是強積金經理，不斷叫我、媽媽和男友的強積金轉給他。

現在我已經將我們三人的戶口全部轉由他負責，結果媽媽的強積金戶口不停轉港股和保守基金，而我男友的情況一樣，最慘是我們都虧損了不少。唉，我現在應該怎麼辦呢？

強積金是長線投資，根本不需要經常轉換組合，更不應買買賣賣！

年輕人宜將較多資金投資有增長潛力的組合，例如股票佔70%，到40歲開始慢慢減少，例如45歲減至50%，隨著年紀漸長，股票類別適宜逐步減少，例如60歲，應在20%以下。

建議你向哪個朋友明確表示，停止再轉換組合，反而選擇適合你們的比率及基金更重要，然後長期持有，大約一年檢討一兩次已足夠。

NOTE

強積金簡易配置

Q20: 你好！請問你對強積金有些甚麼意見？

1. 投資美股/港股？
2. 20多歲應選擇高風險？還是中風險級別基金？
3. 閣下對強積金有特別的看法或貼士嗎？

龔成老師

強積金是超長年期投資，所以要用長期角度分析，忽視中短期因素。

美國是成熟的經濟體，而中國仍是發展中的經濟體，所以在30年內，這段時間的經濟增長，中國仍會高於美國。我由踏入社會工作開始，強積金就100%恒生指數，並無轉換過，因為這是包含中港優質股票的指數基金，長期已能有增長的效果。

強積金會因我們的人生階段而有變，年輕時可投資較多股票增值類別，加快財富增長。中年就要平衡，保守及增值都同時需要具備。

到了準備退休的5至10年，就會偏向保本，因為股市長期會上升，但中短期會波動，若不幸在退休時面對大跌市，就會不利，所以年長階段，就不建議持有太多股票資產。

房託是好工具

Q21: 你好，請問REIT是否穩定的投資？

龔成老師

基本上是穩健的，房地產信託基金（REIT）的原理如同買樓收租，而房託規定要將可分派的90%收入作派息，故利息有一定保證。而租金長遠一定會上升，故長期持有不錯。但要注意以下三點：

第一、房託分好多種，有商場、車位、酒店、寫字樓等，投資前要分析內裡物業組成及質素；

第二、租金在中短期可升可跌，當租金下跌就會令股息減少，同時亦有可能令股價下跌；

第三、股票市場波動，會令房託的股價有上落，就算本身物業組合無問題，也可以因大市下跌而受影響。

所以，房託是不錯的投資工具，但當中都要小心選擇，除了要投資質素較好，出租率較高的物業外，投資時亦要注意股息率，始終股息率太低，反映你的買入價過高。另外，無論是房託，或是某一股票行業，都不能佔你股票組合的比例過多，否則會有集中風險。

NOTE

交易所買賣基金

Q22: 成兄，我看中了一隻ETF，想作長線投資，慢慢儲貨，哪就是15年成立的惠理基金（3095），我一直很相信價值投資，所以這一隻聲稱以價值投資法選股的基金很吸引，加上我十分看好A股，但問題是這隻基金每日成交很少，請問有何看法？

龔成老師

價值中國A股（3095）是追蹤富時價值股份中國A股指數的表現，相關指數由50家在上海證券交易所及深圳證券交易上市的A股公司組成。這50家企業都是具代表、大型及有一定質素的，因此本質不差，有長線投資的價值。

不過要注意兩點，第一、當中所投資的是A股，一定會較為波動，要注意價格波動的風險，若你以平均入市法進行，加上是長線的話，就可解決這問題；第二、雖然中國吸引，但並不代表沒有風險，就算以儲貨形式進行，也不要將所有資金投入，要將資金分配到其他資產上。

至於有關成交問題，這有可能令買賣差價拉闊，從而令你買入時要以較高價買入；賣出時，則要以較低價賣出，雖然差價不會拉闊得太誇張，但你必須明白這一點。

本質上，惠理基金是不差的，但成交太少的基金，最壞的情況，就是不能再在港交所買賣。幾年前，曾見過一些在香港交易所上市的基金，雖然本質不錯，但由於長期成交過低，以至該基金公司，決定不再在港交所買賣。

然而，不用擔心沽不出貨，因為該基金仍會網上報價（儘管不是分分秒秒有價，但會一天或一星期報一次價），若之前已買入，而未沽出的基金持有人，可在辦公時間到該基金公司（好像在中環）親自簽名沽貨，即是已買入的仍可沽出，由於ETF不難計出價值，因此不會刻意要你壓價沽出的，但手續就略有麻煩，這是幾年前出現過的（其實很少出現）。

買基金要注意甚麼？

Q23: 成哥，可否講講投資基金要注意甚麼？基金又是怎樣賺錢的？

傳統基金只會將資金持有投資物，令基金保持增長，較為適合一般人。例如買美國公司的股票，就簡單地持有美國公司，若這類公司股價長期上升，該基金自然會升值。

至於非傳統的基金，有些會將資金投資衍生工具，對大市作多方面的操作，不只是買升。這很考驗基金經理的眼光，可以大賺，也可以嚴重虧損。你需要分析基金持有哪些項目，以及投資策略等。

龔成老師

儲蓄計劃值得投資嗎？

Q24: 老師你好，保險公司推出的儲蓄計劃，值得投資嗎？

龔成老師

如果你本身的投資能力不佳，哪參與這類儲蓄計劃是一個好方法。我們追求的是理財，是財富的平衡分配與合理增值，所以將一部分資金購買這類產品是可取的。

不過，若然你本身有不錯的投資能力，哪自行利用投資工具如股票，以爭取較大的增值效果更好，不需要這類產品，或只需要買小量這類產品，作出平衡分配已可。

能否提早贖回產品？

Q25: 你好，成哥，本人四年前於銀行投資了一份保險相連的投資計劃，現已停止供款，本金US$15,000，幸好，本人學曉資產配置的策略，於現在本金大約US$17,000，你認為小弟應否提早拿回本金，寧願虧蝕一點手續費？

另外，本人希望將本金月供投資盈富基金及長和，你認為好嗎？

龔成老師

提早贖回投資產品，往往會被扣本金，這點一定要注意。至於現時取回本金與否，則視乎你本身有此需要與否，其實本金US$15,000不是大數目，若你不急用，而該投資計劃又不算太差，哪可暫時不提早贖回。因為提早贖回產品，很大可能會出現嚴重損失，譬如說，可能扣去一半本金，所以必須計算清楚。

另外，就是你本身是否需要這產品？假若你不懂投資，而這些投資可幫你作為有價值的投資的一環，同時，這些產品亦助我們投資一些普通人未必能夠投資的市場。但如果你已一直有投資的話，哪一份基本的保險，應該比投資相連保險好。所以，如果該計劃的回報只是一般，清楚計算過提早贖回後損失不大的話，哪才考慮提早取回。

月供盈富（2800）及長和（0001）都可以的，只要你長線投資，以儲股票的概念去進行就可以，由於個別股票的風險比基金大，故長和的比例宜較低。

商場舖的投資價值

Q26: 你好，請問$100萬的商場舖有投資價值嗎？

投資商場舖要好小心，特別是商場拆舖，分割到很細小的這一類，不要因為入場費低，又或有甚麼保證回報等字眼而盲目入場。

之前已經出現了好多「死場」的個案，就算位於尖沙咀都有拆舖的死場，因為商場拆舖主要視乎主題、管理等因素，大業主將舖賣給你之後，他已經將錢袋袋平安了，要是他愛理不理的話，你都拿他沒法。所以，商場舖的投資價值一般很低。

一個投資項目的真正價值，是建基於長遠能產出的現金流，若果該商場的人流很少，很難將商舖出租，哪租金回報就極低，該舖的價值就極低。

因此，當我們投資者分析時，要預期該項目的現金流如何，是否有信心能產生該租金水平，若果未能肯定，哪最好不要投資。

NOTE

買債券定股票好？

Q27: 成哥，我想問，買債券收息好，還是月供股票好？

龔成老師

「買債券收息好，還是月供股票好？」，其實包含了兩個問題，第一要清楚自已想買債券還是股票，第二要知道自己的投資策略，是用一筆過、分段，抑或是月供。

債券與股票，是不同性質的投資工具，簡單來説，前者風險較低，有穩定的利息，但大多沒有增值能力，到期只收回本金，適合低風險人士，而入場費往往較高。而股票風險較高，當然擁增值的潛力，部分公司會分派股息，但股息卻不確定。

投資策略方面，視乎你投資經驗與能力，若你有捕捉低位的能力，哪一筆過投資當然較好，但若然能力只屬一段，其實以月供的方法，最能減低風險。

所以，你可視乎你的財務情況、投資經驗，將資金適當的分配在股票及債券中。

NOTE

買匯豐定買債券？

Q28: 我今年18歲，應買債券？還是投資股票如金沙、滙豐等？

18歲可以承受較高風險，所以不用買債券，應該著眼於財富增值，投資物業及股票，令長期財富上升是好方法。

因為18歲有時間「守」，就算股價下跌，你都可以「守得到」，日後慢慢都會上升，但前提是該股是優質股，而你不要在高位買入。金沙（1928）和滙豐（0005）都是有質素的股票，可分段入；兩者又以金沙的質素較高。

我地進行人生財富累積，會以「先增值，後現金流」進行，這樣是最有效果的，因為初期資金較少，宜先將資金滾大，到人生後期才追求現金流。

加上年輕人的風險承受能力較高，你這刻先集中在財宣增值，對你財富財富最有利。

龔成老師

NOTE

退休人士理財法

Q29: 請問龔成兄，閣下的投資方法對退休人士有幫助嗎？

龔成老師

有幫助的。因為我一直講的，都是理財，就算投資股票都是，這是財富分配的一部分，每個人都需要的，分別只是年長或退休人士，在財富分配方面，就會減少增值，而偏向追求現金流。

物業、債券及收息股都是可取之選，債券要選較高評級的，要A級以上。收息股要選穩定、每年均有派息、本身業務穩定的。而在財富分配中，各方要取平衡，減低各類別的單一風險。透過適當的理財，在平衡風險情況下，爭取最佳的每月現金流。

因為長者的風險承受能力較低，投資時不能進取，所以集中在較低風險，著重現金流的類別。例如長者都可投資股票，但就不是潛力股類別，而是集中在收息股，例如港燈（2638）、置富（0778）、深高速（0548）、工行（1398）、香港電訊（6823）等。

NOTE

還債定投資？

Q30: 你好，我之前由於理財不善，欠了一筆錢。我想問，其實除了每月基本分期還款外，如果還有大約$2,000左右盈餘，哪麼我應該每月增多一點還款額，又抑或是把餘錢儲起來投資？

龔成老師

如果你有一定的投資知識經驗，哪樣就要比較一下「息率」與「回報率」。簡單來説，若你欠款要支付5%利息，投資回報有15%，哪就不用急於還錢，用這筆錢去創富，就能夠有更高的回報。但如果欠息5%，回報率只有4%，哪盡早還錢當然有利。

以你的情況，你對投資及財富模式的運作掌握仍只屬一般，所以上述方法暫時並不適合你，但我仍建議你儲一點錢，例如每月儲$1,000，餘下的就拿去還款，好讓你先持有基本的現金儲備。

因此，對你來説，有錢早點還款，是較好的。同時，也希望你定一個目標，例如一、兩年內，努力提升收入及減少支出，每月盡力儲錢，目標在兩年內還清債務，這段時間可能會辛苦少少，但只要有目標，定能順利做得到。而你亦會慢慢發覺，在完成目標的同時，原來可以同時儲到錢，加油！

NOTE

如何投資白銀？

Q31: 龔SIR你好，我是你的學生。自從聽過你在課堂上介紹貴金屬後，便打算買入少量白銀（約$10,000）放在家裡作保險之用。現有數個問題向你請教。

1. 我見到銀價比最高位下跌了不少，現在是否入貨時機？
2. 如果要到上環的店舖買白銀，是否一定要先在網站上預約，然後才到店舖交收？你能否推薦一些信譽良好，以及在星期六仍開業的店舖？
3. 1千克銀條有賀利氏銀條和戈壁銀條兩款，價格一樣，是否選擇其中一款就可以？
4. 白銀容易氧化、硫化，會否影響銀條的價值？保養方面，是否放在普通塑膠盒，或用紙包著就可以？

龔成老師

1. 其實已經可以入貨，若然你的策略是跟長期/永遠持有的話，不太理短期買入價，經常間中買入少少就可以，近年銀價是歷史高位的一半以下，更不用擔心。
2. 我之前去「金X金條」投資一款「賀利氏」的銀條，若你入貨不多，不用預訂，通常有貨即取。但星期六休息，逢星期一至五才有價格，因為要有國際銀價方能進行買賣。
3. 其實沒所謂，國際認可就可以。
4. 宜放在陰涼處，收藏於櫃中最佳。就算略有變色，都不會影響銀的價值，很容易處理，完全不用擔心儲存問題。

倫敦金的風險

Q32: 你好。請問你贊成投資衍生工具與否？因為我最近投資黃金，簡稱「倫敦金」。但我覺得我心態出現問題，經常想多賺點，又擔心會倒貼輸錢。

想問問，如何可以擺正心態？雖然現階段仍未倒貼，但仍賺不到多少錢。我覺得我心態有問題，遲早本金都會全部輸掉！

龔成老師

我曾做過孖展經紀，而過去我亦接觸不少炒倫敦金孖展的客戶，坦白講，以我經驗及所見來説，我不贊成投資衍生工具，亦不贊成炒孖展。

當然，的確有人投資這些工具而賺錢，但以數據來説，絕大部分人都是輸多贏少，你可問問有做過這類經紀的朋友（但不要問你現時的經紀），做過經紀的人都明白，所有客戶都是輸多贏少，所以經紀自己一定不會炒。

孖展和衍生工具的潛在成本都很高，等同你在賭場押注$100，先被抽佣$20一樣，長期計，很難賺錢；加上孖展要擁有極冷靜的心態，無論賺大錢還是蝕大錢，都要有盲目的心態，這樣才承受到孖展波動時的壓力。

NOTE

結構性產品的問題

Q33: 大師，你好，我很想買入收息股，以產生現金流，例如2638、0405、6823、3988、0005……但又覺得股價再下跌10%更佳，最近銀行職員推介結構期權，例如3988+0005，年息7%，時限11個月，股價90%接貨，你認為如何？或是自己買期權更划算？

龔成老師

我對這些「結構期權產品」，都有相當的保留，因為這是「賺得少，輸得多」的產品，股價不變或上升時，可獲較高的利息，但下跌時，就要接貨。當股價大升時，你得到的其實很少，但股價大跌時，你就要承受風險，這明顯是風險與回報不對等的項目。

其實，我們要財富滾存，要往後享有真正的現金流，關鍵位是持有「資產」，而優質股是資產的一種，但上述的只是「產品」，並不是資產，當刻雖然表面吸引，但長遠對你獲得真正現金流收入幫助有限。所以，還原基本步，用最基本的方法，買入優質股長線投資，是最理想而穩健的方法。

NOTE

衍生工具報價反常

Q34: 成哥，想問問， 平安XX六八購 B（代號：242XX）這隻認購證有沒有違法？

之前的成交量是頗高的，但近日成交量急跌，近乎零，導致價格反常，即使中國平安的股價上升，但這認購證仍是大幅下跌。這有沒有違規呢？

龔成老師

沒有違規。因為政府要求發行商做的，是基本地開出買賣價，即是做莊，只要發行商提供買入價、賣出價，讓市場可以有交易，已經盡了他的責任，而市場有沒有成交，基本上已經與他無關。除非有具體證據，能證明發行商有操控市場的情況。

如果你發現沒提供買入價、賣出價，其實可以致電發行商，主動要求開價，當然，到時開甚麼價，你都無權干預。所以，我一向都不建議人投資這類衍生工具，因為當中的潛在成本其實很大。

其實我在十多年前，都十分喜歡炒衍生工具的，但經過幾年的努力，都是輸多贏少，同時我明白這些工具潛在成本極高，散戶一開始已處於不利位置。於是，我最後決定不再投資衍生工具，我就開始贏多輸少。

NOTE

如何填寫個人收支表？

Q35: 龔成老師，你好：

我是你的學生，現已持續記帳，分別填寫收支表和資產負債表。但經常出現不平衡的情況，令我十分苦惱，現歸納幾個有可能出錯的地方，想請教一下。

第一、關於短期負債。我的信用卡結算日為每月的月中。請問我在資產負債表中的「短期負債」應該是月中的結餘還是月尾的結餘？

第二、我買入了一些加元和人民幣，如果價格下降，需要反映在投資回報之中嗎？

第三、我明白「資產-負債=資本」。若我只記錄資產和負債，而忽略資本計算。這樣會對我的理財有很大影響嗎？

龔成老師

信用卡入數的確有點煩，並沒有絕對的入數方法，因為理論上，你以信用卡消費的一刻已經同時有「支出」及「信用卡負債」，但由於信用卡的帳項未顯示，所以你可以用方便你自己的方法入帳。

方法一：若果你消費一刻有記帳，就同時自行記下當刻產生了一筆信用卡負債，這負債一直存在，直至清還為止。

方法二：直到你收到信用卡帳單，才先寫填支出及負債。

你只需用方便你自己記帳的方法就可以了，月中會較為簡單。其實，你只要用一套能反映你財務狀況的方法就可行，重點是方便、自己明白，以及能反映財務情況。

(續下頁 ...)

外幣方面，理論上要的，但有點煩，所以我會這樣建議，若果你擁有外幣的數量頗大的話，就要每月以最新匯價顯示，若果數量不大，可每隔三個月或匯價有大變動時才更新。

資產負債表要完整顯示「資產-負債=資本」才可以，雖然忽略不是不可以，但這樣做會好奇怪的，事實上，亦沒有人會這樣做。一同做，是最完整及最方便的，同時亦可顯示你的帳目是否達至平衡狀態。

NOTE

簡單對沖樓市法

Q36: 您好龔成，我是您的讀者。

您提到可以在租樓的情況下，用投資組合來達成平倉的功效，請教怎麼做才是最好的呢？是買地產股票嗎（發展商，或領展）？

據我了解因買樓是有潛在槓杆，所以以股票來賺取同樣回報也需要冒多一點風險才可以達成。謝謝您的回覆！

龔成老師

房託、地產股、領展（0823）都可以，房託會較佳，而領展與香港樓市的相關性高。

其實房託的原理很簡單，就是買樓收租，只不過不是投資者自己直接買，而是透過房託間接持有。房託可以持有商場、酒店、工廈、寫字樓、車位等，很多是都是一個物業的組合，因此有分散風險的作用。所以當投資者買房託時，就是間接持有物業。

買股票都可以借貸，但實質情況不完全與買樓相同，只可說做到近似的情況，不過，由於股票的斬倉風險比樓的高，所以不建議一般散戶做。因此對散戶來說，買房託做到對沖首期的效果，都算是其中一個方法。

NOTE

買股票定物業？

Q37: 成哥，我投身社會工作都四、五年了，現持有大約$30萬多資產。2015年，我在股票市場輸了很多錢，所以我現在已不敢再持有太多股票，但讀了你的著作後，卻明白資產是愈儲愈好的。

我現在只持有三萬幾的股票，其他都是現金，我應該如何做會比較理想呢？　想買磚頭，但首期哪筆資金真的很難儲得到。謝謝回覆我。

龔成老師

首先，一定要明白股票的本質，不是所有股票都可以買，只有優質股才可以稱為「資產」，具有長期不斷增長的能力，所以才是愈早買，便愈好。

另外，物業也是「資產」的一種，同樣有相同的性質。但在近年物業價格較高，而股票市場較合理的情況下，偏向股票是較好的。我並不是不看好物業，只是這刻以投資的角度計，股票的投資回報率較吸引，而物業的租金回報率不算高，所以，先投資股票增值，然後再將增值後的資金，轉投資樓市，這樣最好。香港樓長期仍會向上，因為長遠供應仍不足，但中短期升跌難料，自住價值仍在，但投資價值則不算大。

因此，你這一刻不用太刻意追求物業，反而先偏向股票，

花點時間研究股票，學點股票知識，如不懂就先投資盈富基金（2800），已是簡單的投資之選，只要你平衡配置，保留一定的現金已可以了。

梅窩居屋與市區樓

Q38: 你好，請問梅窩居屋好？還是市區私樓較好呢？但問題是，市區私樓的面積實在太細了！

市區樓會較好，因為出租方便。我們會先以投資角度分析，並考慮日後出售時的情況。租金回報較好，較易出租，交通方便的，都是我們揀樓的條件。

除非你生活圈在大嶼山，否則市區樓較佳。

市區樓的投資價值一定比大嶼山樓較好，但如果單從自住角度，當然考慮因素不同。另外，居屋的投資價值亦會較私樓一般，但從自住角度，居屋有可能在性價比上較佳。

因此當我們分析時，會同時考慮自住與投資的角度，不會只考慮自住因素。

龔成老師

NOTE

九成按樓可出租嗎？

Q39: 龔成你好，想請教！我基本上已讀完《財務自由行》，我是物業投資新手，完全沒經驗，想請教有關這方面的問題。

文中提及「888」方法，第一個物業以按九成出租，但現實環境有真實例子嗎？若不夠五成按揭，地產代理仍代為放盤嗎？需向代理及租客透露租盤按揭狀況嗎？銀行會知道我把單位出租嗎？

龔成老師

坊間有大量的真實例子，例如「龔X」就是。規例上是不容許的，但現實情況是另一回事，大家都知的。

當你買樓時，要表明是自住的，這樣才可以借足九成，之後再把單位出租，地產經紀通常都不理會的。至於更具體的操作，這裡不便說太多，有機會在課堂中，以朋友的身份跟你研究一下吧。

現實中，只在有人舉報的情況下，金管局才會進行調查，所以，你不要主動跟租客提及你的按揭情況，而你亦最好同租客保持友好關係。

另外，銀行每隔一段日子，便會按照該物業的地址郵寄一封信，你必須回覆並聲明是自住，若銀行寄出信件多次，卻收不到任何回覆，這樣的話，就大問題了，因此千萬不要跟租客關係弄得太差。

買舊樓等收購好嗎？

Q40: 龔sir你好，我是你的學生。最近朋友問我有無興趣合資買一個位於筲箕灣的舊樓單位，位置不錯，很靠近地鐵站。

面積約300多呎，約54年樓齡，可交吉，仍有租約。但問題是，我完全沒機會入內看看，賣點只是等收購，你有何看法？

龔成老師

不能入內睇樓的物業不是不可投資，但建議先假設物業要花錢大裝修，所以一定要預計這個金額，這就可以減低風險。

另外，不要假設有人收購，因為全香港的舊樓相當多，近年西灣河、筲箕灣一帶，的確很多新樓，因為地區位置優越，所以不少舊樓都有被收購的價值，但真正收哪一層樓，其實很難猜測，當中亦可能涉及很多業權問題。所以，「博」收購不能成為投資的主要原因，只能成為其中一個為物業加分的因素。

因此，你要集中分析，這物業的租金回報率、間格、價錢等因素，這些核心因素不錯的話，才可以考慮的。

NOTE

平息應拖長還款

Q41: 你好，你建議平息時買樓要「借到盡」，其實我有點不明白，自住樓如果長年期的話，供款的金額一定會多出一大截；但如果我選短年期，就不用付哪麼多利息，這樣不是「更著數」嗎？

龔成老師

身處於低息環境，貸款額不但要多一點，年期更要長一點，就算自住樓也應該如此。原理來自貨幣的價值，因為貨幣只會不斷貶值，所以未來的錢其他只會愈來愈不值錢。

試想想，如果你現在每月還$10,000，你可能有點吃力，但30年後，仍是每月還$10,000，到時哪$10,000也只是很少錢罷了，所以，從購買力的角度看，還款期長一點比較有利，因為哪是償還已貶值的錢。當然，你亦講出了一個重點，就是有利息支付問題，所以這方法是「低息環境」才適用的。

如果可選擇每月還款$6,000或$10,000，哪麼還款$10,000的年期當然會較短。若選擇還$6,000，每月就會剩下$4,000，這$4,000就可用作投資增值，只要增值的回報高於借貸利率，這筆錢就不應這麼太快償還，應該作為增值之用。

當中的思考點，是「$4,000」應用作增值，抑或是還款，如果還款可節省利息（例如2%），但如果投資收息可收到5%，這$4,000就不應提早還款，而是應該用作增值，這樣對總財富才有最大的幫助。

衡量資產不用現金

Q42: 成哥，很多人以金錢價格去理解資產，但我之前睇你的video糾正了我的觀念，但我還有一個問題不明白。

例如我想買一層樓，我要考慮自己的負擔能力，所以最後都必須量化為現金，哪麼，我還是用了現金價值去量度資產？

以現金評估你買樓能力，與樓價的高低是沒有絕對的關係。這數量只代表你能否買得到，就算是有能力買得起哪些樓，但這不等於當刻樓市的價格高低與否。

我舉一個例子，20、30年前澳門未開放賭權，只是一個普通的旅遊城市，當時的澳門居民，只需三至五年就可以還清樓宇按揭貸款。到近年開放賭權，加上實施自由行，澳門的賭業收益已超過美國拉斯維加斯，從此已不是小城市，而是國際大都會。澳門樓價升值20倍，現時澳門人供樓都要花上30年。

雖然現金價格高了，雖然供樓的年期長了，但由於定位已改變，因此現時的價格高，不一定代表澳門樓價也比從前貴，這點不易明白，你要細心思考。

龔成老師

NOTE

車位可投資嗎？

Q43: 您好呀！想問投資車位，你有甚麼看法？本身我都有投資股票的習慣，但最近想到，既然沒能力買樓，哪倒不如拿幾十萬元買車位投資。

龔成老師

車位是土地衍生出來的其中一種項目，有投資價值，但由於近年大量資金流入這市場，已處於偏高水平，投資價值變得很有限。

無疑，過去多年來，車位市場的價格都大升，但租金升幅卻追不上，因此令回報率大減，近年更跌至2%至3%水平，跟以往8%至10%的租金回報比較，顯然吸引力不足。

再者，車位近年已開始只能貸款四成，而借貸息率比物業高1%左右，利用貶值現金投資資產的作用變得有限。除非你找到高租金回報的車位，否則你現時有意投資車位，宜再三思。

有不少人都有錯誤觀念，就是認為「入場費」、「每月供款金額」，能反映該項目平貴，從而決定投資。車位入場費的確較少，但這與平貴無關，每月供款金額亦是。

決定投資該項目，是由於項目有質素，現時價格合理或平宜，長遠回報率不差，這才是真正的因素。

問答個案篇

第四章：投資技巧

水桶模式投資法

Q44: 哈囉，我是股票班學生。我想問有關你課堂所教的水桶分配法，我仍年輕，應該買水桶一多點，然後才買水桶二，對嗎？

因為我仍在唸大學，資金不多，想投資比亞迪，但不知應該投資多少？至於水桶二，課堂你所講的股票中，在眾多股票中，我較喜歡盈富基金和金沙中國，盈富風險低，金沙就維持平穩增長。其實，我應如何分配？

龔成老師

首先，水桶模式法雖然對人生的財富有最佳的分配效果，水桶一要有較大的技巧，所以若你未能掌握，佔比不可太多，否則投資在以為有潛力的股票，但最後卻出現虧損，將更為不利。

以你年紀來講，上述三隻股票若不計價錢高低問題，單看增值潛力，次序是：

1. 比亞迪（1211）
2. 金沙（1928）
3. 盈富（2800）

比亞迪現時$44可買，如果以現時的價位，假設有$10萬，根據你的年齡分配，比亞迪與金沙的比例可以是$40,000及$60,000。

不過，我認為年輕人就算多點風險都可承受的，所以就算比亞迪佔比略高，我認為問題不大。不過，到你日後有更多財富，就要慢慢建立一個更平衡的股票組合。

平均入市法的技巧

Q45: 有少少問題想請教。我十分同意你説的分段入市，如果我分三注，每注隔10%，如果三注全入市後，因為大市而非本身問題，都依然是下跌的話，應該如何操作？

加注？抑或是保持注碼？又還是沽出一、兩注止蝕，再等機會重新買入？另外，你所講的分注，是指每一注都一樣？還是下跌後，再加大注碼呢？

龔成老師

簡單來説，分注投資是一個風險管理，所以設定好的金額上限，盡量不要超過。至於如何分注得較有技巧，當中會考慮該股的情況、大市情況，以及你本身的財務情況。

如果我買入三注後，股價仍下跌，我不會再買入，因為這是之前已經定好的策略，是風險管理。因此，如何分注買入，行動前一定要想清楚，如果預期影響股價的事件持續一年，而我想利用這短期不利股價的因素買入，作長線投資。哪分三注入的時間，就最好每隔三、四個月分一注，這樣使得策略上更能有利於發揮平均的作用。

最好做到每一注都是相同金額，由於股價不同，買入的股數自然有分別，但由於港股以一手為單位，所以若資金少的話，便較難做到。

Q45再問: 但如果是因為大市而下跌，哪麼就很難衡量下跌多久，以及相隔多久才買入一注！

即是說，如果買入三注後，依然下跌，就耐心地守，不加也不減？

龔成老師

如果是之前定好這策略，例如設定了投資上限為$10萬，哪麼用盡$10萬後，便不會再受其他因素影響而加注。

一般而言，應該在投資前設定不同的策略。因此，關鍵只在於「投資前」是否已經仔細設定。另一種簡單的平均入市法，就是月供股票，保持買入兩、三年，長期持有，其實已可解決箇中問題。

分注投資是一個好策略，因為可以將買入價平均，減低風險，但如何分注，則沒有絕對的答案，時間平均法、價格平均法，又或是其他方法都有。

若你有平貴的概念，更可以配合使用，例如每個月當見到股價處於平宜區，就入一次貨。但如果未有這些知識，利用時間平均法（即每隔一段時間入一次），已經可以。

NOTE

月供盈富基金

Q46: 你常建議投資者月供盈富（2800），但我有另一個想法，不知對與否。哪就是本人對各類股票都不懂分析，根本不知是否優質，亦不清楚現價是否合理，月供就可以不用理會入市價，平均成本。

但盈富（2800）同恒生指數同步，我想分兩三注，靜候它$20以下，便入一注；到了$18，再入一注；假如再跌，才加大注碼，因為相信恒指一定會回升，不知這樣想法是否合理？因為它是最容易捕捉價位，就算買入其他優質股，都有機會不斷下跌，上升無期，例如渣打。

再補充，即是我認為盈富（2800）較為容易捕捉，所以真的很想低買高賣，我當然明白，可能要一直等上幾年，才可能有一次機會，目標不放在收息，而月供滙豐、長地、建行等，就目標放在收息，這個想法對嗎？

龔成老師

建議月供盈富基金（2800），主要有兩個平衡的作用。

第一個平衡是選股上，因為選個別的股票，要有一定的技巧，優質股當然能長期向上，但都要花點心力才找到，而盈富已經包括了50隻股票，這些股票都是大型及有代表性的，其中不少都是優質股。因此，簡單買入盈富，已是一個優質股的組合，若資金集中在一隻股票的風險較大，而一個50隻股票的組合，風險就得以分散，雖然回報未必能及單一股票，但我們投資，應該先想風險，之後才想回報。

第二個平衡，就是月供可以在價格上平均，即是減少人為分析的錯誤，以模式般的方法才投資。若果以月供股票的形式進行，就能避免犯上人為的錯誤。

（續下頁 ...）

龔成老師

當然，若然你有捕捉高低的能力，以捕捉高低的方法，回報一定好過月供，但在我過去的工作經驗中，發現大部分客戶都認為自己有本事捕捉高低，但結果卻不是，他們會出現聰明反被聰明誤的情況。例如，當股價經常處$20至$25左右，大家就會認為$20是低價，$25則是貴價，但實際上不是，因為當外圍因素改變，股價可以下跌至$15，甚至是$10，只是一般投資者都用原有思維，認為$20已是低價，但其實不是的，因為企業的價值會改變，過去股價的範圍，並不等於是將來範圍。

你分注的投資模式是可行的，但當中都有捕捉低位的思維，若果股價不回落，而一直向上，哪你就再不能買得到其他股票。你要明白，每個投資模式都各有優點和缺點，我只是說出其中的利弊，你可再配合自己的情況運用。

NOTE

每日短炒可行嗎？

Q47: 你好，我有一事想請教。由於有身邊人支持，故在數年前已沒有工作，近兩年我開始學習投資、期指、股票系統，在股市的起跌中，算是有點收穫。

近兩個月，我Demo能做到每天+US$80，而且連續10天以上，我明白，這要在心裡平靜的情況下才做到的結果。

但近日，因為我與另一半把90%的資金放進了一隻下年才在美國上市的新股，而這就把資金鎖住了。原以為我可安心做期指，但現在心變得緊張了，無法平靜去做。我希望能憑炒股每天賺點生活費，你應為我該如何是好？

龔成老師

你的投資行為是偏向高風險的，若果你擁有承受高風險的心理質素，加上你的資金都來自中短期不用的閒錢，哪麼你就適合這種高風險的投資模式，否則應作出檢討及重整。另外，將九成資金投資一隻新股，除非對該股市充分了解，信心十足，否則做法錯誤；加上這只是一隻新股，就更加危險，因新股要修飾帳目、包裝業績、前景等是一件很易的事，投資者隨時「買貴貨」。

你看周大福（1929）當年用40倍市盈率上市，但仍有很人買，就知多少人中招，周大福優質嗎？優質，但上市多年，股價仍未返回上市價，現在很差嗎？又不是。只是之前太貴，股價由高估值返回合理價。我不是說你哪新股一定差，而是存在太多未知數的新股，如果把過多資金集中投資，便不是一個合理的投資行為。

至於你短炒的行為，我不評論，因我現在是不短炒的，只可以在這裡對你說，我在10多年前都很愛短炒，但當

市場遇到一些突發事件後，就令我將之前所贏的全部報銷（《80後2百萬富翁》有詳述），所以我後來決心不再短炒。因此，若你只憑短時期的成功，就認為這必定正確，哪就要很小心，因投資市場每隔一段時期，就會出現一些突發事件，你要先想像，若有不利事件出現，你能夠承受風險的程度有多大？還有，你會如何應對？

同時，以短炒作為如同薪金的一部分（每天以賺到某一個數為目標，作出以數字為帶動的投資決定，而不是以股票本質，或市況為原則所帶動的投資決定），我個人是有保留的。因為你的投資經驗只有兩年，你根本未遇過真正風高浪急，我擔心你投資得來的「穩定收入」隨時付諸一炬。

另外，心理質素亦十分重要，若果你不能冷靜，作出理性的投資，這會使你很易作出錯誤的決定，故建議你先停一停，不要為投資而投資，待心理質素較佳時才再投資。

NOTE

為何賺差價無用？

Q48: 成哥，常聽你說「賺差價並非真正的投資」這個概念，你說賺差價是沒用的，可能我造詣尚淺，沒有到您的境界，可否詳細解釋一下？

你停留在「賺差價」概念，這不怪你，因為你與99%人一樣，從小開始以「現金」視為財富的唯一單位，不過，如果你有機會接觸不同的有錢人，又或閱讀有錢人撰寫的有關財富概念的書籍，你就會發現有錢人對財富的理解與一般人完全不同。

有錢人不會用「現金」作為財富的單位，而是用「資產」，當絕大部分人停留在「賺差價」的概念時，有錢人卻不會追求賺現金差價，而是持有會增值及產生現金流的資產項。這完全是不同的思維，一般人看股票、看地產、看生意，通常都用現金單位去思考，當現金數字上有正差額就是賺。但有錢人不會這樣想，他們以資產做單位，著重真正財富的持續增值。

這個概念對很多人來說，都是很難理解的，因為人們已習慣了「現金」是衡量財富的單位，但現金只是人類創造出來無意義的借據，以此作為財富單位當然不適合，追求現金差價同樣是有問題。建議你閱讀《富爸爸》系列、《貨幣戰爭》、《財務自由行》等，盡你最大能力去理解「為何賺差價無用」，當你明白後，你發現致富並不難，而且更明白九成香港人炒股票輸多贏少的原因。

借錢生錢可行嗎？

Q49: 成哥，我是你的學生。

我目前正考慮大手買入「3號仔」——中華煤氣。

十送一，再有，2至3厘利息，你覺得可行嗎？

因為我想借錢買入這股票，想盡快賺得$100萬。

龔成老師

煤氣（0003）這股本身優質，《50優質潛力股》都包括這隻優質股的。

每個人都想賺多些錢，但如果你有讀過我的《80後2百萬富翁》一書，就知我曾過於急進，曾經歷過幾次投資輸光的經驗，後來才了解風險管理的重要。所以，對於你借錢買股，個人真的有保留，你要好好衡量風險。

另外，更要看看借貸利率是多少，如果私人貸款，會高達5厘或以上，以煤氣的股息去抵償，根本不足夠，起碼加上送股及潛在增值才有可能抵償，如果再考慮到風險問題，值博率亦不算高。而我自己必然等到大值博率時，才會出手。

另外，若以孖展形式進行投資，會面對價格波動風險，因在價值不變的情況下，價格仍可因市況而波動（雖然這股不高），不得不注意。所以，物業借貸的風險較低，因價格波動而被斬倉的風險較低。

基本分析與技術分析

Q50: 想問。你有沒有了解過技術分析或採用過？何解你只用基本分析？

龔成老師

大約20年前，我初初接觸股市時，是技術分析的追隨者，我本身數學不錯，數學科會考更取得A級成績，十分喜歡看圖表，花了大量時間研究，也讀了幾十本關於技術分析的工具書，不斷上課進修，又到證券行學，運用了幾年的技術分析，花很多時間研究，但最後，卻發覺一事無成。

之後，我完全放棄技術分析，因為發覺完全沒有用，而我得知真正賺錢的投資者及經金經理，居然無人用技術分析！而用技術分析的「專家」，都只是「講」到好賺錢，但自己的財富並不是用投資建立出來的。

後來我發現，投資賺大錢的人，原來大部分都是採用基本分析，所以我就跟著學，不斷研究，一用就用了10多年，同時完全放棄技術分析。自從用了基本分析後，賺多輸少，七位數的金額就是用基本分析而賺得的。

你看看巴菲特、彼德林區，這些全球最賺錢的人、基金經理，他們都不用技巧分析，不分析市場與股價的走勢，只集中在企業的基本面，以買股票就是買企業的角度去投資。

現金流折現估值法

Q51: 龔先生，你好！本人一直都是你的「粉絲」，對於你所言的「價值投資法」深表認同，而且亦欣賞你在臉書的每周分析。但有個問題想請教一下，你所說的從「現金流折現」方法去評估或找出該公司（股票）的價值作參考，這方法不太明白。盼賜教，謝謝！

「現金流折現法」是最正統評估企業值多少錢的方法，坊間的專業估價都是用這個方法，但這方法其實最複雜，因此我在股票班中，會同時教授「市盈率估值法」。

現金流折現法，即是將企業往後所產生的現金流折現後相加，例如往後三年的現金流是：$10,000、$10,000及$10,000，而這企業三年後就會沒有價值，這企業的價值就是這三個數相加，但由於有通脹等因素，所以下年的$10,000只是現在的$9,500（假設），再下年可能是$9,000，哪麼這企業的價值便是：$10,000 + $9,500 + $9,000 = $28,500。

我用《80後百萬富翁》其中一節說明：

以大家較少接觸的市區的士牌作例子，看看如何評估出這投資工具的合理價值（以下例子將會化繁為簡，例子只想帶出基本的概念），擁有的士牌（連相關所需），就可以將的士出租。

以香港市區的士為例，每更可收到約$300多的租金，扣除成本後，即平均一天的淨回報$600，一個月就有$18,000，一年的收入就是$216,000，由於租金回報穩定，可以用5%的折現率來估值，假設每年收入不變，維持$216,000，並一直收取。

(續下頁 ...)

哪麼，估值就是$216,000 + $216,000 ÷ (1 + 5%) + $216,000元 ÷ (1+5%) 2 + $216,000 ÷ (1 + 5%) 3+……一直加至無限，可運用數學的公式化成$216,000 ÷ 5% = $4,320,000」，這就解釋到的士牌這麼貴的原因。但要注意，這只是一個估計的合理價值，由於預估現金流，折現率等因素將會令最終估值有很大的差異，初學者運用時要很小心。

龔成老師

基本上，所有資產都是用這方法計算，企業價值都是一樣，但當中仍存在兩個變數，哪就是「預估現金流」，以及「折現率」，這是十分複雜的問題，所以我在課堂中，不會太深入講述，反而多教如何採用「市盈率估值法」，這是由傳統的市盈率，再加上調節而推算出企業價值的。

NOTE

輸身家的寶貴經驗

Q52: 老師，我先簡單講出重點：我試過兩次借錢炒股，第一次在求學階段，輸了$50,000（還完錢之後，結餘是零）。到了今年，又再借錢，結果又輸了$10萬。假設清還貸款後，只餘下$70,000，但我對投資似乎已經失去信心。

我想問，有甚麼正確方法重拾信心，然後再作出一些理性的投資呢？我會追蹤你的專頁，你可稍後回覆。

龔成老師

我在10多年前，都曾經試過三次接近「輸身家」的經驗，幸好在我年輕時期經歷，令我及早明白甚麼叫「正確投資」。若然人到中年才經歷「遲來的輸身家」，由於已背上一定的生活擔子，所以殺傷力會很大。如果從吸取經驗的角度來看，你其實是有賺的。

事實上，無論做人，抑或投資，心態才是最重要。我的意思不是死守著錯誤的投資，而是要明白投資總有得失，只要我們保持正確積極的心態，不斷汲取教訓，從而不斷進步，學習正確的投資，錢總會賺回來的。

我10多年前很喜歡投機炒賣，可惜幾年來輸多贏少。之後「狂刨」關於投資的工具書，發現憑投資真正賺錢的人（不只坊間所謂的「專家」），而是靠投資賺到過$10億的有錢人，他們都是以平穩增值去致富，視買股票如買公司，做足功課，耐心等候良機才買入，並持有多年，以獲取高回報。

之後我就一直用這套方法，將財富合理增值，10年間贏多輸少。投資是一場馬拉松，不要著眼短期得失，要建立一套長期能助你真正獲利的方法，而你的兩次錯誤經歷，已是助你明白真正投資的基礎，所以，你有很大的得著。

何時追貨何時賣出？

Q53: 大師，我$17買入中人壽作長線投資，請問可增持嗎？

此外，我又跟你以$21.7買入金沙，現已升了不少，可獲利嗎？

龔成老師

我們決定繼續持有一隻股票與否，最重要是企業的質素及前景，買入價不是關鍵因素，中國人壽（2628）本質不差，雖然近年的賺錢能力略有減弱，但仍有持有的價值，不過未必太大注投資。

如果你本身持貨較少，就算再買都可以，我們決定追加股票，會考慮該股的質素、現時是否低價、你持貨是否過度集中等因素。中國人壽由於盈利受投資因素影響，金融市場難免影響其盈利，因此每次股市波動都會影響其股價。

另外，如果你中短線投資金沙（1928），其實已可獲利，因為連股息的回報已不錯。但我自己一定長線，甚至有可能永遠持有，每年股息$2，加上質素好，財務結構穩健，賭業是高毛利行業，根本是穩賺，發展前景仍在，看不到有理由放棄這個優質資產，故我會長線投資。

NOTE

何時賣出股票？

Q54: 成哥你好，我想問，當您買入一隻股票，您會如何計算目標價呢？

總有一天需要賣出的時候，您會用甚麼計算方法？同時，又如何洞悉哪是正確的時間沽出呢？

我不會有明確的目標價。我賣出基於下列幾個原因：

由於我買入的是優質股，若買入後發現自己犯錯，這股不是優質股，又或這股核心的質素轉差，變成非優質股，這時無論賺蝕都會沽貨。

又或是市況過熱，市場處牛市三期的狂熱狀態，例如2015年的大時代狂熱時，我便會採用多沽少買的策略，但當時的市況未到極度狂熱，所以我亦只是沽出了一部分的貨。

此外，股價要是嚴重高估，例如市況狂熱，又或自身的原因令股價爆升，都有可能沽出。

若然你無法掌握到我上述所講的，可簡單用「升一倍、放一半」的原則，沽出後等同收回成本，餘下的貨就不用再理會，長期或永遠持有，因為這部分已經是淨賺。

龔成老師

NOTE

如何面對股災？

Q55: 龔成兄，我留意了你多年的投資動向，2015年大時代爆煲後，股市曾出現大跌，但你表現冷靜，知道你有10多年投資經驗，可能見過大跌市，在過去的股災中是否仍繼續持有，再等機會，低位入貨？

龔成老師

面對股災，我的確很平靜，因為我是一個很理性的人，能以第三者般的角度，冷靜分析投資市場，股災會令市場氣氛變得好差，大多數人都不敢入市，但這時股價正在做「大減價」，當然是入市時機。

其中一個關鍵位，就是我視買股票如買企業，股價下跌不等如企業的價值下跌，所以，當出現股災時，只是股價下跌，而我買入的是優質企業，根本不會因此而受影響。一般人身處於股災就不敢買貨，只因他們集中在「股價」而不是「價值」，他們見到價格下跌，就認為該股不好，但卻沒有想到，這是難得的入市機會。

雖然在股災時投資，買入後股價仍有機會下跌，但這只是中短期的情況，根本不用擔心，以長期來說，這是平宜價，是一個很值得投資的價位。

NOTE

平買優質股要耐性

Q56: 老師，之前上完堂，你提及金沙由$60一直下跌，但你仍堅持不買貨，你是如何知道股價會繼續下跌的呢？之後見你等到$21才買，你是怎樣判斷入市？可否詳細講解一下當時的分析？

龔成老師

我並不知道這股票會下跌多少，金沙中國（1928）是十分優質的股票，但優質股都有估值過高的時候，同時亦有熱炒期。市場曾經熱炒過賭業股，哪時當然不是入市時機。

直到2014年、2015年間，澳門賭業生意開始下跌，分析一下數據，當時澳門賭業已上升了多年，每個行業一定有週期，經歷高增長後，進入下跌期是正常現象，而這下跌期亦不會一、兩個月就完成。由於當時賭業週期才剛開始下跌，金沙估值仍在高位，完全不合理，長遠來説，股價會走向價值，但短期的升跌，我卻不會預測。

這股我一直放在「觀察名單」，等待股價下跌，直到澳門整體的賭博收入連續下跌了近20個月，便可確認當時的金沙正處於寒冬期，雖然我不肯定寒冬期何時過去，但我知道這時就是買入的良機。

其後，碰巧2016年的大跌市，加上中國股市推出「溶斷機制」，即是當股價大跌市時，該股便會停止買賣，市場解讀為「股價下跌時不能賣出」的機制。結果，港股出現恐慌性拋售，一度爆發小型股災。其後大陸停市，有些同時在中港兩地上市的股票，在大陸無法沽貨，但香港可以的情況下，香港隨即被視為「國際提款機」，導致股市暴跌，任何質素的股票都不能倖免。

（續下頁 ...）

細心分析，國際提款機、股價下跌、大市暴瀉，全都與企業本質無關，金沙雖然正處寒冬期，但長期價值仍在，每年派息2元，所以當時決定在21.7元大手掃貨，其後大市回暖，賭業亦開始回復正增長，金沙的股價回報亦約有一倍。

我並不是預期股價的升跌，我所做的，是分析大市冷熱，同時評估企業價值。

首先，我會鎖定一些優質股放入「可投資名單」，然後，當某股出現較大下跌時就會再仔細分析。當時分析到金沙在$28以下是平宜區，進入這區代表可以安心投資，加上大市進入恐慌期，就更確認$21是掃貨區。

我並不是預期買入後股價會見底回升，只是分析到這價很值得買，就算買入後再跌是可能的事，但以長線角度來說，以這個價位買入的回報率一定不錯，於是當時大手投資。

龔成老師

NOTE

股價不斷升應追入嗎？

Q57: 你好，若你買入一隻股票後，一直上升，你會再買入嗎？

如果該股是優質股，當我投資後，只要哪刻的股價仍然低於於合理價值，即是股價上升，但仍處於便宜水平，哪仍會買入，就算股價升一倍，也可以低於合理價的。

所以，股價數值的大小與便宜與否並沒有一定的關係，重點是企業的價值，股價大升也可以低於合理價，仍值得投資。評估價值有很多方法，但卻不是單看股價多少，還要根據市盈率、息率、資產等作為參考，課堂上會作較詳細解說。

簡單來說，「股價」與「企業價值」是不同的兩回事，當股價大升一倍，但如果企業價值的上升多過一倍，這仍可是一個平宜價。

龔成老師

NOTE

何時置業最有利？

Q58: 成哥你好，之前有機會拜讀你的書，獲益良多。由於最近正為未來計劃一下，但卻遇到一些問題，所以想請教你，究竟真正的有錢人會在甚麼時候買樓？

我當然明白要看時機，但我所謂的「時候」，是指當財富累積到多少的「時候」，才是考慮買樓的好「時候」？

因為當選擇了買樓，原本可以用作投資的資金就會變成買樓的首期款項，不能達到「錢滾錢」的成效。但如果單靠被動現金儲首期，雖然不是沒可能，但需時要較長。

龔成老師

物業是其中一種「錢搵錢」的資產，所以當你將資金投入物業中，其實都是進行增值的過程。另外，物業有借貸作用，只要借貸成本（息率），少於物業升值及租金回報，這部分借來的資金，就是在創造利潤。

有錢人視物業為資產，以儲備及累積的心態，除狂熱時的高樓價不投資外，任何時間，只要有錢都會投資，但不會一次過。其實有錢人所做的，就是不斷將現金轉成資產，並不會賺取買賣差價，只著重長期持有。

最理想當然是低價時買入，因低價時買入不只有較好的回報，升值的部分更可作為財富的套現（例如加按），將套出的資金去創造更多財富。不過，要捕捉低位其實好難，故以平均成本法，每隔數年便入市，買入樓價較細的單位，這樣便可減少一次過在高位買入的風險，長遠來說，是儲備資產的方法。

其實，如果是買樓自住的話，哪就不應該等到有需要才買，而是在有能力時置業。因為資產長期升值，現時投資肯定比將來投資較便宜，因此可以先投資物業作收租用途，不用擔心資產不斷升值，到日後有需要時，再將收租樓轉為自住。

加息的因果關係

Q59: 你好，我想問一些關於美國加息的問題，我是從大學書本上學會加息對投資有負面影響，但回看過去歷史，美國加息後港股反而是上升，請問何解會這樣呢？

龔成老師

這是一個複雜的問題，加息令企業成本上升，因為企業做生意要借錢，利息成本上升，盈利自然減少，所以在其他因素不變的情況下，加息會令企業盈利減少，這就會令股價下跌。

不過，加息的原因是甚麼呢？

就是經濟好轉，美國聯儲局一向都不會有很明確的加息指示，因為美國會不斷留意最新的經濟數據，當數據很差時，就推遲加息，只有經濟真正向好，才有條件加息。而經濟好，企業的生意自然好，這就會令企業的盈利增加，股價亦會隨之上升。

所以，若果大前提是經濟好轉，才引致加息，這雖然令企業成本上升，但大環境總體對企業有利，只要不是加息太多及太急，其實對企業是有利的。

NOTE

投資在知識值得嗎？

Q60: 成哥，我想提升投資技巧。我知你在讀書時期已不斷閱讀投資工具書、聽講座、上課，想知道是否真的得著很大。

其實我剛剛中學畢業，已買了你的書，寫書真的很了不起，我想報讀你教授的投資班，但價錢對我來說有點貴，其實上課學習的成效是否真的哪麼大？

龔成老師

若課程對你來說負擔較大，不斷閱讀也是吸收知識的方法，因為閱讀相關書籍的成本較低，甚至可以去圖書館免費借來參考，從而獲取不少知識。我多年來都是保持學習，無論閱讀、聽講座、上課都有，我是一個很節儉的人，對我來說，過去報讀課程也是覺得很貴的，但我都願意交學費，因為從不同途徑吸收知識，都會有不同的得著。

閱讀可以學到基礎知識，而報讀課程則以實用為主，課程備有大量實戰例子供分析參考。最重要是，在一個互動環境上課學習，如有疑問，便可以立刻發問，有助加快吸收相關的知識。其實，書本及課程可以互補不足，所以兩者都是有用的。

但你要注意有關「錢的概念」，很多人因不想付錢增加知識，因而令自己永遠都無錢；相反，有錢人就會不斷投資在知識上，於是愈花錢，愈有錢。因為你的著眼點集中於「我付不起」、「這課程佔了我的開支不少」、「我很少花費這類支出」，你著眼於支付的部分。但其實，我們學習知識，重點不應放在「支出」，反而是要著眼於「獲取」，你能夠從中增加多少知識，讓你在你的人生中，能否減少虧損、賺得更多，這才是重點。

(續下頁 ...)

龔成老師

其實這亦正正是窮人與有錢人在思維上的分別，窮人著眼於減少，有錢人著眼於增加。由於窮人不願意花錢和花時間增值自己，不願為自己創造更多的未來收入，也從不為自己的財富不斷增值，以致一生都無法致富。相反，擁有致富思維的人，願意花錢和花時間提升財務知識，不但收入不斷增加，而且財富增值的速度亦不斷加快，達到「愈花錢、愈有錢」的效果。

你如果現在真的是錢不多的話，哪麼建議你多閱讀投資工具書，將來有能力，就一定要報讀不同的課程（不一定是我的），因為這將是有助你累積重要資產（即知識）的重要過程，必須實行。

NOTE

問答個案篇

第五章：股票知識

股票基本概念

Q61: 你好，本人想買股票，但不知怎樣看股票的數字，例如買入價如何計算？甚麼是幾多手？怎樣計算賺和蝕？

龔成老師

一般的財經網站都有股票的基本資料，你可輸入股票名字，找尋股票號碼，例如中電控股的號碼是0002，你在股票機輸入0002，就可找到中電的基本資料。

股票的本質是企業的部分擁有權，企業有當中的價值，而股價就是每一股的市場成交價，假設中電的市價是$80，你用$80就可擁有一股中電，你投資$80,000，就可買到1,000股中電。由於每家企業都已定出不同的手數，所以買入前要先在財經網站查詢每手的單位，例如中電（0002）一手為500股，滙豐（0005）一手為400股，一手是你最少的買入單位。即是說，中電你最少要買500股，或其倍數。

另外，每家企業發行的股數不同，所以不能單憑股價大小來判斷是高價還是低價。中電的發行股數大約是25億股，若果以$80計，市場認為這企業值2,000億元（大概就是這樣理解）。

至於如何計賺和蝕，則十分簡單，你在$80價位時買入了1,000股，若果升到90元賣出，你就賺了$10,000。

NOTE

股票資料何處尋？

Q62: 你好，買了你的《80後2百萬富翁》，我十分認同長線投資。由於我剛接觸投資，想清楚了解以下問題：

1. 哪裡可知道該公司的業績是否為優質？
2. 如何知道是造帳？
3. 哪裡可查看所有股票種類及股價？
4. 如果我只有2萬元投資，甚麼類型股會較適合？
5. 如何知道一手股多少錢買入？
6. 我今年37歲，長線投資是否好選擇？

龔成老師

1. 企業的優質與否，沒有絕對的指標。我們可以從企業的基本面，從過去的財務數據中，分析當中的質素，坊間的財經網站，會提供基本的企業財務數據，但如果要深入了解企業，就要從港交所網頁下載企業的年報閱讀。
2. 這非三言兩語能答的問題，正如我在課堂曾指出，漢能（0566）的現金流報表有問題，但堂上解説都要15分鐘。另外，若企業常更換核數師，亦要小心。
3. 一般的財經網站，以及銀行的網站都有。
4. 投資是理財的一部分，你先留一定的備用現金，餘下的就可作為投資增值。若果餘下可投資的金額有$10,000，已可開始進行投資。另外，你亦可考慮投資銀行的月供股票，每月$1,000都有的。
5. 香港股票的買賣單位為「一手」，一般的財經網站及銀行的網站都有列出，每隻股票都會寫明一手是多少股。
6. 長線投資適合絕大部分的人，更何況你仍十分年輕，長線投資絕對適合你的。

數學白癡可投資股票嗎？

Q63: 成哥你好，我是一個數學白癡，但股票都涉及很多數字，我可以投資嗎？

龔成老師

可以。坊間常見很多艱深複雜的投資方法，不但令人錯覺以為投資是一件高深的事，也令人誤以為股票涉及很多數字，一定是需要很多計算技巧，但其實股票的本質是企業，分析企業才是我們的重點。你只需基本的數學程度，相信小學程度已十分足夠，不用擔心。

沒有人一開始就懂得投資，你要經過學習，以及吸收經驗，才有進步，所以最初不要怕投資，只要在注碼上做好控制，同時選擇較適合你的股票就可。

你可以投資收息股、房託、交易所買賣基金，這些都是相對入門的投資類別，你可以了解這類先，之後才一步步投資其他類別。

NOTE

股價與股數

Q64: 老師你好，想問3988同2388其實都是中銀，但價位就差很遠。（我見2388長遠升幅凌厲）其實如果想長遠收息買邊隻好（打算月供）？

龔成老師

記住，股價數字的大小，與企業大小、質素、價值，完全無關！

例如某股票市值一億元，發行股數一億股，每股股價就是一元，而企業可通過合股拆股等方法，去改變股權結構，例如該公司100股合成一股，總股數就變成100萬股，而現時的股價就會自然變成$100。

$100比起之前的$1，數字上大了，但根本是無分別的，所以，股價大小，絕不能作為便宜與否的分析。

中國銀行（3988）是中銀香港（2388）的母公司，兩隻都有一定的質素。雖然從股價數字上看，3988的確是較細，但規模卻較大。至於從本質看，3988的增長其實有限，這股只宜用作收息；2388有獨特地位，有增長潛力，收息雖不及3988，但增長較佳。兩隻都可投資，可月供，但要看你想增值還是收息。

NOTE

買入價與賣出價

Q65: 阿sir，我想問股票市場中的買入價及賣出價，其實是甚麼？

龔成老師

股票市場的運作以排隊機制進行，例如股票A，有人想買入，有人想賣出，想買入的人會開價，例如在$100買入，而想賣出的人又會開價，例如開出$101賣出。由於人人都想以較便宜價錢買入，以較高價賣出，所以這個$100/101只是買賣雙方的角力，這時候兩者只是開價，沒有成交的。

然後就看哪一方較沒耐性，例如買入的人心急，$100這價位等了很久都入不到，哪就只好用高一點的價錢，即$101買入，這時候就會以$101成交，到這一刻才是真正的成交價，而之前的$100/101，只是兩方各自叫價。簡單來說，股票市場的買入價及賣出價，就是現時在排隊中的叫價。

NOTE

股息率怎計算？

Q66: 你好！看了你有關股息的文章，當中有提及中期息，可以解釋一下嗎？

平時網上看到的週息率，其實有甚麼意義？

另外，當分析股票時，例如收息股，見到有特別派息，需要計算嗎？

龔成老師

中期股息多是半年業績時派送的，若要計一年的總股息，哪就是「中期 + 末期 = 全年」

週息率 = 每股派息 ÷ 現時股價 × 100%

簡單來説，就是以現價計，可以收多少厘的股息。因為股息會包括特別股息，所以只是一些表面的數據。

當分析一隻有特別息的股票時，要看哪特別息的性質，根據過去五年的股息數據作出分析，這次特別股息若然只是一次性的，哪分析時往往不計算，因為下次未必一定收到，但如果幾年都有，哪就可作計算。

另外，亦要看這次特別股息的原因，你可在年報中主席或管理層的講話中，了解到為何有這次的特別息，是因為賣了某資產？是生意好轉？還是其他原因？這些都有助你分析這類特別股息會否持續，從而有效推算往後的股息。

股份拆細的作用

Q67: 你好，龔成，我將會有一筆資金，有意見說，可以用來買騰訊，因為股價會升，以及有機會再拆細，我想問拆細後會有甚麼影響？你對騰訊前景有些甚麼看法？

其實我想把這筆資金分別買入不同股票，作分散投資，但有朋友認為這樣不太好，其實如果不動用這筆錢的話，可以有年息四厘滾存，我應該放手一博買股票抑或滾存呢？

龔成老師

拆細是財技的一種，會對股民有心理上的影響，但沒有實質上的影響。

假設某股股價$200，你持有100股，即是市值$20,000，若該股進行拆細，例如一股拆成五股，你持有的股數會增加，現時持股變成500股，但股價會調整，會由200元調整至40元。因此你持股的市值，由原本（$200 × 100股 = $20,000）變成（$40 × 500股 = $20,000），所以沒有改變。

騰訊（0700）這類科網企業，行業的變化大，估值困難，盈利變得快，引至股價可以很波動，可以有很大的上升潛力，但亦可以出現大跌，這股有潛力，但同時有風險，因為市場估值不低，騰訊可投資，但就不宜太大注。

另外，若然你想投資高增值的科網股，不應投資在已成功的，因為股價已反映，上升空間有限，但卻存有一定的風險，因此風險與回報不對等。反而以小注方式，投資未成功、市場未發掘的科網股，潛力來得更大。

至於你最後說「博一博」，股票從來不是炒的，股票是助我們財富的合理增值，所以將資產適當地分配在優質股是應該的，若你不懂分析，簡單買入盈富基金（2800）已可，因這基金包含了50隻股票，有分散風險的作用。

怎樣處理碎股？

Q68: 你好，想問一下，月供股票所造成的碎股是否不能避免？或者應該問，即使不能避免，有沒有方法減低因碎股造成的交易費用？有沒有一般參考數字，若包括碎股買賣，通常比正常價相差多少？

龔成老師

碎股即是不足一手的股數，例如某股一手1,000股，200股就是碎股，而月供股票而得的碎股是不能避免的，但如果是長線投資，例如月供某股兩年，然後持有五年，其實這些只是小問題，可以不理。坊間有些銀行，做月供股的時候，提供碎股可以用市價沽出的。

其實不用擔心碎股問題，就算是一般的碎股，其實都可以賣出的，一般只雖低四至八個價位就可出到（當然較小型及成交少的股票就可能再多些價位）。若正股與碎股一同賣出，只會收一筆手續費，其實金額相差好細，不用擔心。

當你賣出碎股時，可選擇定價或不定價，定價的好處是確認你能在某價位賣出，但就有機會賣不出；若不定價，雖然確保能賣出，但最終的成交價就有未知數。

如果不是流通量很低的細價股，就一般的股票而言，不定價是較好。因為碎股最終的成交價一般都不會太差，但若然定價令碎股無法賣出，下次再賣時又要比多一次手續費，並不化算。

供股與月供股票

Q69: 老師，你好，我是新手投資者，供股與月供股票有何分別？

若然我每月供股，買盈富，假設價位是$20一手需500股，哪麼是否每個月供$10,000？我不明白如何計算$1,000/$2,000供股？謝謝。

龔成老師

「月供股票」與「供股」是完全不同的兩回事，供股是所有股東，都要按比例支付新資金，去認購上市公司發行的新股票，企業以此來獲得新資金，以供企業發展之用。

而你所講盈富的例子，是月供股票，這只是銀行給客戶的儲蓄股票方法，每月投入相同的資金，先同銀行定好，例如每月$2,000，銀行就會在每月某天，例如每月1號，自動用$2,000，幫你在當天買入，例如盈富當天是$20，哪就能買入100股。

到了下一個月，銀行又會在1號用你的$2,000供款買入盈富，如果哪天股價是$21，銀行就會幫你入到95股，你就總共有195股。

月供股票的原理是儲蓄股票，要長線，起碼買入兩年及持有五年。所選的一定要是優質股，因為若選了垃圾股，不斷儲，就只會不斷蝕。若你不懂尋找優質股，哪投資盈富已經足夠了。

股價升應否停止月供？

Q70: 對初學者來說，月供長和是否一個好的選擇呢？不是很懂得判斷長和前景好不好。

另外，亦想請教一下，我兩年前月供了幾個月「2號仔」，之後股價開始上升，我就停供並一直持有至今（即現在持有少少碎股），平均價大概是$65左右，近年股價上到$80。

我應該：

1. 繼續持有？
2. 沽貨，再買入另一隻股？
3. 沽貨，等價位低時再入？

謝謝指教！

龔成老師

長和（0001）是有質素的股票，可長線持有，可月供。若你資金許可，最好在整個股票組合中，不要只集中持有一兩隻股票。中電（0002）是不錯的股票，企業有壟斷優勢，派息穩定，可長期持有。

坊間太喜歡以比較式去決定買賣，例如賺了20%，就應該放，這其實是有問題的投資策略。我們最重要是分析整個財富組合的資產組成，不應因賺多少或蝕多少而決定改變組合。組合中要持有優質的資產，不用經常改變，只要是優質的，長期就會對整個組合最有利，所以你不用改變。

在方法1、2和3之中，最好的方法其實是一直月供，不要因股價上升而停止供款，月供股票本身已有平衡風險的作用，所以就算在高位買入也不用擔心，所以不妨重新開始供股。

有關碎股事，不少銀行的月供股票計劃，都提供碎股當正股價放出的，若然是一般的碎股，也能沽出，不用擔心。

除淨前追入可行嗎？

Q71: 成哥，想問一下，如果我留意著哪隻股是準備派息的，就買入，之後收完息，就沽出，這方法可行嗎？

龔成老師

首先你要知道，有一個日子界定股東有無息收，這叫做「除淨日」，除淨日前買入就有息收，到除淨日哪天才買，就沒有息收。而除淨後股價會調整，所以刻意追哪隻股將會派息，其實作用不大。假設這股是$100，派息$5，除淨日當天股價會自行調整至$95，所以刻意追是沒用的。

其實買股票就是持有企業，今年賺了$10億，打算將其中$5億派出，即是説，在派出前，市場認為這企業值$100億，但當派出了$5億後，這家企業就只會值$95億。然後企業繼續做生意，繼續賺錢，之後市場又會覺得這企業價值$100億，長線投資者就是憑企業持續增值，以及所派出的現金流去獲利，所以不會買買賣賣，而是一直持有。

所以，你在除淨前買入，其實沒有特別的得益，因為在理論上，除淨前後買都是一樣，只是左手數與右手數的分別。

而坊間經常講所謂的「炒除淨」，亦是一個錯誤的投資做法，投資者不會因此而賺到錢的。

以股代息怎運作？

Q72: Hi，龔成，我是一名投資新手，想問滙豐（0005）派息如何？可以由息轉股嗎？

龔成老師

有些股票會提供「以股代息」，滙豐（0005）就是其中一隻，滙豐每次派息，都可以以股代息，只要主動聯絡你買股票的銀行或經紀，向他們提出「以股代息」，他們就會幫你安排，若然沒有主動提出，就會假設你收現金股息。亦有些銀行則可提供一個設定，讓你預早設定長期「以股代息」，這樣銀行每次就會執行相關的設定。

當你提出「以股代息」後，就會計算你可以得到多少股，例如今次你可收現金股息$3,000，若「以股代息」的換股價為$60（滙豐每次都會公布），你得到的股數就是50股。

該股是否適合做以股代息，有兩個條件，第一，該股是優質股。若然並不是優質股，不斷儲貨只會令財富貶值，而匯豐的質素不差，但增長力就比過往減弱，但仍算適合的。

第二，只適合長線投資者。由於以股代息會產生碎股，因此，中短線投資者並不適合，只適合長線投資者以儲股票的模式，不斷以股代息，不斷累積該股。

NOTE

私有化是甚麼？

Q73: 成哥，如果一間子公司被母公司私有化，是好消息還是壞消息？其實甚麼情況下會私有化？

私有化即是由公開上市的狀態，改變成私人擁有的狀態，會撤銷上市地位，這是涉及上市與不上市的問題，上市雖然可提升知名度，又可方便集資，但卻要遵守很多規則，因此比較麻煩，所以有些企業由於不同原因而作出私有化。

另外，企業可能會利用私有化來「間接偷取」小股東的資金，投資這類企業要小心。因為小股東未必懂得評估企業的資產價值，即使當時股價很低，但原來背後卻隱藏一批具有價值的資產，若以當時的低股價作私有化，其收購者就可以大賺，而虧蝕的必然是小股東。城中確實是有些擅長玩財技的企業，當中有部分更是近乎不擇手段。

作為投資者，一定要有些警覺性，不要假設上市公司是好人，會與小股東「與民同樂」。相反，我見過不少上市公司，上市的目的只想從小股東身上取著數，集資的目的只為原有股東提供一個退場機制，相反，當企業隱藏優質資產又進行私有化，故投資者要小心分析。

NOTE

如何判斷平宜價？

Q74: 其實甚麼位置才算是便宜價？你所講的跟坊間所講有些不同。

龔成老師

我以股票的本質，即是所代表的企業來考慮。股價高低沒有意思，坊間單憑股價數字高低，就去判斷該股是便宜還是高價，其實是極度錯誤的！

同樣是市值$10億的企業，股價可以是$1或$100，所以單從股價看，是沒有意義的。投資者必須分析該企業的質素及賺錢能力，市值$10億，每年賺$1,000萬，既沒有特別的資產，又沒有太大的增長潛力，這$10億當然是頗貴。

假如另一企業同樣市值$10億，但每年賺$2億，盈利穩定，這$10億市值就是便宜。

又如果一家企業市值$10億，每年盈利只有$2,000萬，但沒有負債，持有淨現金$15億，企業現價當然亦是便宜。

所以，定義股價是便宜還是貴，並不容易，市盈率是其中一個衡量的方法，但並不全面。

投資者要認真學習企業估值的技巧，當有估值概念，就知這刻股價平貴，可作出適當的投資策略。由於企業估值要較長時間解釋，就算在我的股票班都要花5小時講述，故難以在這裡三言兩語交代。

市盈率與市帳率

Q75: 龔成老師，有些股票沒有市盈率，只有市帳率，是否表示該公司沒有盈利？可否講解一下市盈率和市帳率的分別？

龔成老師

以一般企業來說，現時股價$100，每股盈利$5，市盈率就是「市價/盈利」，即是20倍。如果往後每年都是賺$5，就要20年才能翻本，因此，市盈率愈高，可簡單理解為愈貴。

市盈率是基於剛過去一年的盈利計算的，如果上年度沒錢賺，又或出現虧損，哪麼就不會有市盈率。如果你對這類股有興趣，就一定要看損益表，分析虧損的原因，以及過去的盈利能力，是否這一年才出現虧損。

如果是一次性的特殊事件，又或是經營策略上的問題，因而致使該年度沒有盈利，哪麼下年度又會否轉虧為盈呢？這都是投資前需要仔細分析的要點，從中了解企業虧損累累，究竟是一個短期問題，還是長期性呢？若是長期處於虧損的話，哪股票當然不宜沾手。

至於市帳率，其實是股票現價與每股帳面值的比率，簡單說，帳面值是一個會計名詞，帳面值的高低是由公司的資產負債表所決定的。公司資產的帳面價值，或是證券的帳面價值，可能與其市值南轅北轍。例如該公司連同機器及現金等合共總值$10億，負債$3億，即是說，帳面值就是$7億。

但問題是，該公司的資產，例如機器是否真的這樣值錢，完全是另一回事，雖然在會計表上，都會嘗試以折舊等方法反映資產的實質價值，但當公司真的要出售機器時，可能其價值更低，所以必須仔細分析。

(續下頁 ...)

市帳率愈高，代表股票現價比資產淨值高，投資者如同以較高的價錢購買這些資產，但實際上是便宜還是貴，最好詳細分析，再作判斷，因為投資者所買的，不單是資產，還有持續經營的業務。

一間企業的價值，其實同時由「資產價值」與「業務價值」組成，市帳率就是分析其資產價值處於平或貴的其中一個指標，而市盈率，則是從盈利角度分析企業平貴的指標，因此可理解為業務價值分析的其中一部分。

當投資者分析一間企業時，會同時考慮市帳率及市盈率，對企業作立體的分析。但要留意，市帳率並不是所有企業都適用，只有資產型的企業才適用，由於解釋需時，相關內容會在股票班講述。

NOTE

市盈率大變原因

Q76: 想問問，中國建材（3323）的PE，有幾年處於個位數水平，但我亦曾見到有一年，市盈率卻突然大幅飆升到20倍，是甚麼原因呢？

龔成老師

中國建材（3323）的市盈率波動，主要由於其盈利大變。

首先你要明白市盈率的公式：現時股價/剛過去年度的盈利。

由於盈利是其中一個影響因素，而企業每年的盈利都會改變，所以一定會令市盈率數字改變。中國建材過往多年的每股盈利都在$1以上，所以市盈率不高，但到了2015年及2016年，盈利大跌至$0.2，這樣就會大幅拉高市盈率。

然後到了近年，盈利又回升，所以市盈率又回落。

因此，市盈率只是一個初步指標，當我們正式分析時，不能單看市盈率，還要參考多個年度的盈利數字，計算平均市盈率，以及預測市盈率，才能作更全面的評估。

NOTE

合理市盈率範圍

Q77: 之前讀你的撰文，當中提及合理市盈率的幅度（RANGE）？這是甚麼？會在課堂講解嗎？

龔成老師

這個問題真的難以二言兩語解答，課堂上會仔細講述的。

簡單來説，一般的企業，我們先以大市及行業的市盈率作基礎，以此基礎再作出上下調節，有優勢的、有增長力、行業較好的，就會給予較好的市盈率，從而將範圍調高。相反，企業較弱的，則調低。

首先以企業過去的財務數據分析，評估企業的賺錢能力，優點和缺點，同時分析過去幾年的市場環境，然後再推算將來幾年的市場環境。當有這些基礎資料後，再以這企業過去的歷史市盈率作推算，然後再參考行業的市盈率。

綜合上面種種因素，最後推論出合理市盈率的範圍，然後再比較現時股價所處於的市盈率，從而評估出現價是便宜還是貴，所以這是一個不簡單的過程。

市盈率是衡量企業平貴的其中一個指標，上述所講亦只是基本概念，因此運用前一定要仔細學習。當你掌握市盈率的合理範圍，就能理解到當前股價處於平或貴，從而作出適當的投資策略。

哪裡找恒指市盈率？

Q78: 成哥你好，想問如何可以找到盈富過去的市盈率？現時算是便宜嗎？

龔成老師

你可以在恒指服務公司的網頁「www.hsi.com.hk」找到「指數市盈率及週息率」，然後再找「恒生指數」，就會得到過去恒指的市盈率，你可簡單理解為盈富市盈率。

另外，如果過往恒指的市盈率在8倍至24倍之間，你便可用這指標初步判斷現時的大市處於甚麼水平。

在一般的情況下，當恒指進入10倍以下的市盈率區域，會初步理解為平宜區，在過往，不少長線投資者、價值投資者，都會在這區域開始儲貨，由於恒指有數十間企業，每間企業每年的盈利會不斷改變，因此沒有故定哪一個點數是10倍以下。

當然，這只是一個初步的平宜區，你仍要分析大市的冷熱情況，以相反應用的模式，進一步確認大市的平貴程度。

NOTE

避開散戶熱炒股

Q79: 龔Sir，你經常提醒大家要小心多散戶買的股票，當中有甚麼問題？同時如何判斷是否多散戶呢？

龔成老師

主要透過證券行的經紀而得知，經紀接觸最多散戶，近期散戶熱炒哪隻股，經紀最清楚。如果多散戶長線投資，哪問題不大，若是散戶短炒熱炒，哪就要小心了，因為散戶通常都是輸的一方。同時，市場往往都會營造一種氣氛，吸引大量散戶熱炒，其實當散戶熱炒時，股價已處高位，哪就十分危險。

簡單來説，散戶一般都不會在股價便宜時入貨，反而只會在股價高位時，亦即是已被市場炒起時才入貨。因此，我經常都會找經紀朋友了解一下近期散戶最熱炒哪一隻股，而我就一定不會跟風投資。

當你見到某股近期的成交比過往大，又或該版塊的成交明顯地高，這就是多人投資的其中一個指標，若果你從傳媒或網上，見到很多這股的相關消息，同時很多散戶、網友談論這股，很多時都是多散戶熱炒的股票，哪就要小心。

NOTE

同類股會否同步升跌？

Q80: 我想請教龔成兄，我發現之前大市下調，同是公用股，港燈就升，煤氣就跌，何解？

這是因為每隻股的特性都不同。

港燈（2638）只有香港的業務，盈利都用於派息，沒有向外擴展的能力，但作為收息就很好，因此市場會將港燈理解成收息的工具，但這類工具會被利率影響。即是說，當市場出現與利率有關的消息時，股價就會有所變動。

至於煤氣（0003），除香港業務外，還有中國業務，具有增長的潛力，雖然派現金息方面就不及港燈，但煤氣賺到錢後，只會將部分用於派息，因此發展空間較大，但這亦令股價比港燈的波動較大。

其實，股票的本質是企業，每家企業都是不同，不一定同類就出現同步的升跌，而大市的升跌，也不一定會影響個別企業，始終股票是企業，你不要太著重大市、升跌等這些因素，應該集中分析企業的本質。

NOTE

不應集中銀行股

Q81: 成哥，你經常提到，不要集中投資銀行股，究竟原因何在呢？

龔成老師

銀行業是高負債的行業，你的存款全是他的負債，當金融市場出現問題，因為金融市場有很多不同的衍生工具，更重要的是，這行業一旦出問題時，其中是連帶影響整個行業，所以當你集中投資銀行股的話，就需要面對一定的集中風險。

不過，在港上市的銀行股大多穩健，只要不過度集中在銀行股，而是適當的分配，其實已做到風險管理。

其實除銀行股外，任何股票、任何行業，我們都不應太過集中，因為一個行業就算更有優勢，也有機會面對行業週期及突發風險，太集中會對你整個財富組合不利。

因此，你要建立一個平衡的投資組合，當中有不同的類別、不同的行業，這是最好的平衡風險方法。

NOTE

公用事業加價的啟示

Q82: 成兄，經常見到一些公用事業加價，這是否代表這類企業有盈利呢？

龔成老師

大致可以這樣理解，因為有成本轉嫁的能力。簡單來説，加價因素足以反映出公用企業處於穩賺的位置，加上市場結構沒有對手，已經可以判斷不少公用股是優質股。

因此，從生活中選股是不錯的投資法，所以中電（0002）、港燈（2638）、煤氣（0003）、港鐵（0066）、領展（0823）、粵海（0270）、香港電訊（6823），都是我推介過的優質股，因為生意是穩賺的，所以一定是有買貴，無買錯。有關內容都收錄在《50優質潛力股》及《50穩健收息股》兩書中。

當我們尋找優質股時，企業產品的價格是其中一個分析點，若然該產品的價格比競爭對手高，而產品銷量仍不錯，這反映企業的產品有優勢。

另外，若產品有持續加價的能力，反映企業能將成本轉嫁給消費者，雖然對消費者來説不是好消息，但從投資者角度，這是優質股的其中一個要點，因此，不少有加價能力的公用股，都有一定的質素。

人民幣報價股票

Q83: 小弟儲有幾萬元人民幣，又不想兌換港元，如果想用這幾萬元人民幣投資，應該買87001還是80737呢？表面看，87001雖然息高，但市盈率同樣非常高；至於80737的交投則很少，請給我一點意見好嗎？又或者有些甚麼建議呢？謝謝。

龔成老師

交投不活躍會令買賣差價較大，這會增加交易成本，但如果你是長線投資，影響相對較少，仍可以考慮。匯賢產業（87001）及合和公路基建（80737）都是以人民幣報價在港上市的股票。

匯賢產業屬於收租類別，盈利數字包括投資物業重估增減，所以盈利數字無大作用，市盈率亦因此而變得無太大意義。由於匯賢產業會將大部分可分派盈利作派息，所以股息率不錯，反而分析息率比市盈率更有用，其中持有的物業不差，具持有長期收息的價值。

80737其實是合和公路基建（0737）的人民幣交易號碼，合和公路有質素，不錯的，原理是收路費，增長雖然有限，但勝在穩定，收息同樣不錯。注意這股不時會派特別股息，令息率大升，你要用過往多年股息的平均數去計，會有更立體的概念，不要被單一年特別股息因素影響太多。

NOTE

如何避開大跌股？

Q84: 真的後悔太遲才認識你，因為在認識你之前，慘被哪些所謂專家推介，在$0.7時，用了接近全副身家買了恒騰網路（0136），股價一直向下插，現已跌了一半，之前更公告私有化/撤銷上市，請問我應該怎處理這些股票？對不起，心情非常沉重！

龔成老師

首先，如果公司撤銷上市地位，即是由上市，變成不上市。若然公司進行私有化，就是某些人以某個價位，強行買回小股東的股票，並從此不再上市。但我翻查資料，睇過這企業的通告，應該指「恒騰網路認股證」（1493）不再上市，而「恒騰網路」（0136）仍然上市的，因此，你所持的股票仍可買賣的。

如果你有上過我的【投資倍升股課程】，就一定不會買這股，只要翻查資料，都會見到過往的財技手法，小股東很難在這類股上賺到錢。

同時，這股完全不合符課堂所講的選股原則，企業的盈利極少，但市值卻極高，因此不會投資這類股。

坦白講，這類股的投資價值很低，持有愈久，對財富愈不利，盡快沽出，對你來説是最好的。

NOTE

投資一隻股票的因素

Q85: 成哥，想請教你，買入一隻股票，最主要是基於甚麼因素？哪又在甚麼情況下會沽出？

另外，我都有跟你在$21買入金沙（1928），再想請教你，應該到甚麼價位止賺？

龔成老師

我買入時，一般會基於生意、盈利、前景、市場環境等基本因素而決定買入，只要企業的質素好，買入後就會長期持有，若這些因素有根本性的改變，就可能要賣出。

雖然很多長期因素都不變，但若當中有部分因素改變，就要減持或止蝕。相反，若基本因素沒有改變，但股價卻因其他因素影響而下跌，就有可能作出增持。所以，所有動作背後都基於最本質的基本因素。

至於金沙（1928），我打算是長期持有及收息，我不著重賺現金差價，我會分析這個資產項是否仍有質素及仍有增值的能力，只要答案是正面，我都會繼續持有。所以，我沒有所謂的目標價和止賺價，若然你想賣出獲利，你可用「升一倍，放一半」的策略。

NOTE

篩選股票軟件

Q86: 成哥，從你的課程宣傳單張看到，其中有一個教授股票篩選過程，希望你不要介意，我想知道，上課後是否要花錢買軟件，又或入會、月費等，才可以使用？

放心，上堂不會再有附加收費的，我收取的只是學費，課堂上，我會介紹兩個篩選股票軟件，兩個都是免費的，當中包括以基本分析及技術分析方法，從全港2000家上市公司中，找出符合當中條件的公司。當然，我用的是基本分析，只要簡單輸入數個財務指標，就能快速找到優質股，十分簡單方便。

課堂上，我亦會即場示範整個股票篩選過程，保證你學懂之後，可自行在家中運用。

其實，這個選股軟件，是我整套選股過程的其中一步，我稱這個選股方法為「篩選3步曲」。

第一步就是利用軟件，簡單地輸入財務指標，從2000隻股票中選取初步合優質股指標的100隻股票。第二步就會重點分析5年財務數據，進一步確認企業的優質度，之後只會餘下約30隻股票。到第三步，就是全面分析企業，針對這30隻股票逐一仔細分析。

分析企業財務數據

Q87: 偶像，有事想請教！

看完你的大作兩遍了，自己也在著手試試以基本面尋找優質股，找的條件是過去五年的ROE達雙位數，是這樣找優質股嗎？

除了ROE，還應該看甚麼來界定該股是否優質呢？

龔成老師

股東權益回報率（ROE）（又可稱為股本回報率）是其中一個評估企業好壞的指標，我的要求是五年平均數要達12%或以上，才真正反映出企業有一定的賺錢能力，並有不錯的再投資回報率。但其實，這只符合了優質股的其中一個指標。

財務數據上，我還會分析損益表中五年的營業額、毛利、開支、盈利等情況，從而判斷企業的質素，並幫助我推斷往後的發展與盈利。

要分析盈利的穩定性，其實包括很多方面，例如過去的盈利是否理想、企業的經營模式、盈利的來源、目前的生意環境、企業的前景、未來的發展方向等等，都是必須仔細分析的問題。若果企業的品牌及產品良好，擁有固定的市場，又或有政府法規的保護，新競爭者難以進入市場，這就有助企業往後得以保持市場佔有率，維持競爭優勢，盈利的保障程度高，企業自然較優質。

所以，除了分析財務數據外，企業的市場優勢，都需要細心研究。

巴菲特的保留盈餘指標

Q88: 龔成，你好！你在書中曾提到巴菲特會用保留盈餘計算能否創造超過$1的價值，如果用五年計的話，即是說，（除稅及股息後盈利）總數少於五年市值的增長，就可以說是成功創造超過$1的價值？

例如，五年保留盈餘$30億，市值由$20億升到$70億，$50億增長>保留盈餘$30億，就代表公司創造超過$1價值？請問你又會否每次都用這種方法來分析一間公司的投資能力呢？

NOTE

對，你的理解非常正確。

巴菲特會以此衡量企業有沒有「增值」，因為有些企業每年雖然賺錢，但派息不多，盈餘都用作提升生產機器等方面，不但無法令賺錢能力增加，還要不斷地投入資金，以維持基本的效率及競爭力，而市場估值及盈利卻沒有提升。

保留盈餘，只能令企業「維生」，而無法「增值」，這不是巴菲特想要的企業。所以，他以保留$1是否能創超過$1的價值為指標。

我都會參考這指標，分析保留盈餘多少，以及盈利有否比過去增加，股價有否上升等。但由於股價會變動，所以必須長期分析，比較五年前、十年前是否有增值，不會只比較當刻的股價。

其實當我們衡量企業是否值得投資時，上述只是其中一個指標，並不是最重要指標。長期的股價向上，產生更大的市場價值，雖然很大程度反映企業有質素，但背後的原因才是關鍵，一定要仔細分析。

簡單來説，若果是優質企業，很多時會出現「保留$1能創超過$1的價值」，但反過來説，當投資者見到這指標出現時，不一定代表這必然是優質股。

因為這可能只是市場外圍因素，又或中期股價的表面反映，所以投資者最重點分析，一定是企業的優質度，真實的企業價值，而上述指標只是輔助性質。

估算企業合理價值

Q89: 龔Sir，我是你股票班的學生，我想學以致用，自己嘗試計算合理價，現選了新秀麗（1910）做練習，初步評估其合理價值，你看看過程是否正確。

P.E：5<19.47<20

市值：$302億

總債項/股東權益：58%

股東權益回報率（%）：13.05（五年平均）

每股盈利長：26.34%（計算四年，平均數）

毛利率（%）：52.579%（經濟通數據，代表賺錢能力唔錯？）

流動比率 ：146%（經濟通數據）

每股盈利近五年平均數：0.87156

五年的每股盈利複合增長率：18.42%

假設的未來每股盈利：0.87156 × 118.42% = 1.032

自己估計的合理市盈率：15 - 22倍（仍未能掌握）

自己估算的合理價：1.032 × 15 ~ 1.032 × 22

=15.48 - 22.704

若股價在$20以下，反映在合理區，可以分注投資。

龔Sir，請給意見，感謝！

大致你都能夠掌握課堂上所學，從財務數據分析是其中一環，另外你亦要分析其市場結構、產品、品牌等因素。

新秀麗（1910）從事行李箱、商務包、旅遊配件等相關產品，有一定的品牌，過往的賺錢能力不錯，財務數據中等，單從業務分析的確有投資的價值，但負債問題會令這企業扣分。另外在市場估值上，有某些時間處於略貴水平，因此我們估值時要較小心，同時只能在合理區投資。

你的計算大致都正確，基本上都能反映到這企業的估值範圍，市盈率的確是較難掌握的，但只要多練習多分析，你慢慢就能掌握。

「合理盈利」的推算過程大致正確，記住這是沒有絕對公式的，我們最重要是找到有代表性的盈利，作為推算的基礎。

至於在市盈率合理範圍的部分，其實先用課程所講的市盈率做基礎，之後再因應其優劣，而向上或下調，你可比較行業以及這股過去的市盈率去推算，同時評估其增長力，雖然這股過往多年的增長力不錯，但盈利都有波動，因此要留意風險因素，估值時不要太過進取。

其實計算企業估值，除運用適當的方法外，都好講求經驗，只有不斷累積，而利用過去的市盈率作為推算基礎，亦是方法之一。

NOTE

優質股的特質

Q90: 龔成大師，非常喜歡你平時講的股票分析，尤其你認為要長線持有優質股這一點，我很認同。但其實，有沒有一些甚麼方法界定何謂優質股？

優質股可説是生意與盈利都有不斷增值能力的企業，隨著時間愈長，企業就會愈做愈大，同時產品的價格自主能力亦會愈大。其實要解釋的話，相關的內容足以寫成一本書，以下是優質股的部分特點：

- 壟斷企業
- 消費壟斷企業
- 擁企業規模
- 有政府、制度保護
- 入行門檻高
- 擁競爭優勢
- 擁其他企業沒有的特質
- 賺錢能力比行業對手強
- 有一定的市場佔有率
- 擁有有價值的品牌
- 有成本轉嫁的能力
- 消費者對產品忠誠
- 消費者要持續購買
- 產品不斷有需求
- 增長擴展的市場
- 業務能持續發展
- 管理層理性
- 生意平穩增長
- 盈利持續上升
- 財務穩健
- 產品簡單
- 經營效率高
- 股本回報率高

第六章：個股分析

自由行對六福的影響

Q91: 成兄，請問你怎樣看六福的前景？它本身是一隻優質股，但近年大陸經濟放緩和大陸政府打貪，影響自由行。你認為這些不利因素會否使這家企業基本因素變質，而且不利因素會否是長期的？根據你書中所說，短期的不利因素是不要緊的。

龔成老師

六福（0590）本身已發展成為一個不錯的品牌，有相當的分店遍布內地及港澳地區，已有一定的市場佔有率，質素有保證，加上屬於賺錢的行業，所以六福無疑是一隻優質股。

至於估值方面，近年的市盈率大多是十倍以下，已反映出自由行退卻的因素，但要注意的是，這股已過了最快速增長的時間，因為自由行最高增長的十年已過，就算日後中國經濟發展向好，自由行只會平穩發展，同樣地，六福亦然。不過，六福在內地的發展，是當中的潛力所在，因此仍值得留意。

由於此股為優質股，中短期的不利因素不用理會，反而可能是投資時機，在市盈率不高的情況下，可分注買入，若然有一些對香港零售業或自由行較為不利的消息，影響股價，就是最好的長線投資時機。

NOTE

科網股的投資技巧

Q92: 有留意過網龍（0777）嗎？算是優質股嗎？

龔成老師

網龍（0777）主要從事網絡遊戲開發，包括遊戲設計、編程及繪圖等，但這類科網股我興趣不大，若你分析其財務數據，無論生意或盈利同樣未穩定，反映業務模式存有不確定性，加上科網行業變化大，我對這類企業投資價值有所保留。

消費者可以霎時喜愛其產品，但過一段時間又可能沒興趣，只要一個遊戲成功，可以賺大錢，但一失敗的話，就會嚴重虧損，所以這類股不算是優質股，亦不是我個人投資之選。

其實，不少科網企業都有這情況，因為行業的界線不明顯，小企業可以打敗大企業，盈利的保障程度低，就算行業王者也可倒下，這是科網行業的特性。

若果你從潛力或考眼光的角度，可以研究一下，就算投資也建議小注為佳。我建議，投資科網企業宜投資小公司或未成功的公司，因為潛力大，投資者可爭取十倍回報，但若然投資大企業或已成功建立品牌的企業，回報有限，但風險卻可以很大，因此值博率不高，並不是良好的投資策略。

滙豐優質度減弱

Q93: 成，小弟在滙豐有重貨，佔所有股票的50%，比高位跌了不少，心情忐忑，請問滙豐前景是否很差，應否再入貨？

首先在背景上，銀行業是風險不低的行業，因此不建議將太多資產集中在銀行業，若可以的話，銀行業佔股票組合不要多過三成。

你將資金的50%集中在一股，已有過度集中的風險，雖然我不認為滙豐（0005）的前景差到要立刻沽出，調整組合，但亦不宜再增持銀行股。你往後的資金應投資其他類別的股票，以慢慢減低銀行股的比例，平衡整個組合的風險。

滙豐面對著愈來愈複雜的金融市場，風險也大，致使業務難免波動也大，雖然銀行業過去是很好賺的行業，但近十年市場變化很大，除市場風險及賺錢能力減少之外，規管成本及罰款增加，都對國際銀行不利，滙豐的股票，已由優質變成中等，投資價值僅屬一般而已。

另外，歐洲經濟不景、環球經濟及難民問題等，將影響一段長時間，種種因素，都令滙豐的增長力變得很一般，管理層多次想令股本回報率提升至10%以上，但都不成功。現時的滙豐，以收息股的角度投資可以，你要明白，這股只能平穩增值，不會有太明顯升幅。

中銀香港獨特之處

Q94: 成哥，你曾表示，中銀較滙豐優質，哪麼，中銀哪方面優質呢？

龔成老師

中銀（2388）和滙豐（0005）都是香港的發鈔銀行，但中銀在地位上，有比滙豐更大的優勢，中資背景令中銀成為香港人民幣業務的清算行，亦令其在人民幣、中國金融業等業務，有更大的優勢。

香港是金融國際市場，但這個「國際」現時的最大作用，是作為中國與國際的橋樑角色，中銀香港正是其中一個受惠的企業，擁有其獨特性，加上有母公司中行（3988）的支持，風險有限，發展前景不錯。

若然你再比較中銀與滙豐的股東回報率、資產回報率，其五年平均數均高出滙豐不少，反映賺錢能力較強。中銀無論在地位、賺錢能力抑或前景方面，都比滙豐及其他香港銀行佳，有長線投資的價值。

在香港的銀行股中，中銀及恒生（0011）是較優質的兩隻，恒生的穩定性較強，中銀則略有波動。但中銀始終有發鈔銀行，以及中資背景的優勢，長遠的前景會較為正面，當人民幣要更國際化，又或中國要在金融上走出去，都有可能以香港作跳版，中銀香港可能在當中受惠。

電盈受惠電視業務嗎？

Q95: 成哥，想問「8號仔」長線現價入市，可以嗎？因而我看好旗下的ViuTV。

龔成老師

電盈（0008）的市值有$400億，當中包括很多業務，而電視廣播（0511）市值不足$100億，過往全盛年代年賺逾$10億。

你可以假設一下，ViuTV可以做到有多大，相比起TVB，能否取得四分一市場份額呢？如果可以的話，又可以貢獻到多少盈利呢？你要從數據分析一下，ViuTV可以賺到幾多錢？又或在最理想的情況下，可以賺到多少錢？

當TVB每年都只是賺$10億的情況下，ViuTV最理想也不過是數億元罷了。過往電盈憑原有業務，本身每年都能賺$20億，你可以計算到電視業務對其實質價值不會太多，起碼在這一刻不算多。所以，要看你自己對ViuTV有多看好，以目前情況，對電盈的價值提升作用不大（因為電盈原有業務很大，相對地電視佔比較少）。

所以當我們分析企業時，不能只集中在單一業務，要以整體的企業去分析，同時要具體計算當中的價值，絕不能因一些表面的利好因素，就作出投資決定。

大時代的熱炒股

Q96: 龔Sir，我2015年大時代時買了1157及1816，現時價位跌了一半，當時是朋友叫我買的，想不到一直都是下跌，請問應怎樣做？是否應止蝕？

龔成老師

中聯重科（1157）及中廣核電力（1816）都是大時代時當炒的股票，有很多散戶參與，而我最怕的就是這類股票，所以我與經紀朋友交流的其中一個原因，就是問他最近散戶炒哪些股票，而我就一定不會沾手。

中聯重科主要在中國從事工程機械製造，提供各種機械產品包括混凝土機械、起重機械、環衛機械等，並擁有及經營八個工業園。雖然這股的本質不算太差，但現正處於行業較大的下跌週期，生意明顯大受影響，嚴重拖累盈利，相信中短期情況仍未能向好。根據中聯的年報，在五年的股本回報率中，可以見到自2012年開始，回報率已經連年下跌，因此這類股票不宜沾手。

這股已難以回到2015年大時代或之前的價位，待股價出現回升時，應考慮沽出止蝕；加上質素一般，不建議買入或增持。

至於中廣核電力，這企業主要從事發電及電力銷售，以及核電項目及非核清潔能源項目的建設、運營及管理。其實這企業的本質不差，但在當年的大時代，實在有太多散戶蜂擁入市炒股，致使股價被高估，散戶必然在高位入貨。當大時代過後，股價只是回歸基本面，因此出現下跌情況。

從本質來說，電力行業有一定的穩定性，這股的生意與盈利都保持平穩增長，不過回報率不算高。這股可以作長線投，你可繼續持有，股價會慢慢回升，但要返回之前高估值的時期，並不容易，但策略上，可以持有。

華潤電力的現金流情況

Q97: Kung Sir，你之前分析過的836，其流動負債大過資產，何解會是優質股？

龔成老師

在大部分情況下，你所說的都正確的。我們找優質股有一些特質，符合這些特質的，很有可能是優質股，但即使不符合，亦不能立刻否定是優質股。

一般而言，我們都希望企業的流動資產比流動負債大，但背後的原因是甚麼？

就是想確保該企業面對較少的流動性風險，避免有倒閉的危機；另外，亦希望該企業是一家擁有持續現金流的企業。若仔細分析華潤電力（0836）過往五年的現金流量表，每年在經營部分中都能有正現金流，而產生的現金流更動輒數百億元，只是不少現金都用於投資，以至流動資產不算多。

若果你有留意這企業過往五年的資產負債表，其流動負債大於流動資產的情況一直都存在，但對其營運沒有任何影響；再加上電力行業穩定，每年的現金流足夠，所以未有造成相關的風險問題。若一般企業有流動負債過高的情況，通常都不會考慮，而此股由於業務較為穩定，所以才列入考慮之列，但要注意，上述因素始終會為企業帶來風險，這難免在其優質程度中略為扣分。

比較香港主要房託

Q98: 想請教一些房託的問題：春泉、領展、陽光、越秀、冠君、置富、泓富、開元、匯賢、富豪。請問哪四隻房托適宜買入作長線收息？以及哪隻股價增長最好？

龔成老師

其實，領展（0823）、陽光（0435）、冠君（2778）、置富（0778）、泓富（0808）都可考慮長線持有的，當中質素最高是領展，而陽光及置富都很不錯，你可分析內裡所持的物業，以及比較投資時的股息率。

領展擁有較大的增長潛力，因為當中物業的加租能力較大，物業的價值及租金值因而大大提升，市場估值較高，令股息率較低，但由於常處不平水平，若買入的話，最好用月供策略。至於置富則是穩定性較高的房託，因為當中商場較貼近民生，過往變動不大，股息率吸引，所以從穩定的角度，這房託是不錯的。

至於平貴方面，投資房託如同買樓收租，因此股息率是其中一個衡量點，領展股息率常處較低水平，就算該物業加租潛力較大，從投資的回報率計也不算吸引，因此可理解略貴。至於置富，股息率一般都處於不錯水平，因此在較多時間，股價都處合理水平。

NOTE

領展的派息比率為何低？

Q99: 你好，我之前問過你房託派息的問題，想再問，派息比率的每股盈利是包括物業升值計算？對嗎？房託不是要派大部分股息嗎？以領展來説，為何派息比率不足一半？

龔成老師

以2018年度為例，領展（0823）每股盈利$21.7，每股派息$2.5，派息比率只有12%，但房託定明要將90%用於派息。

這是由於「$21.7」這盈利，包含了物業升值所帶來的帳面利潤，當中並沒有現金流，因此意義不大。你可在領展年報裡，見到物業升值帶來的盈利數字，以及憑著真正業務而得到的收入所產生的經營盈利。

當房託計算能夠派到多少股息時，會以該年的「可分派收入」為準，而不是盈利數字。可分派收入，即是將租金收入，減去營運上的支出，然後再以這個數的90%為基礎，去決定派多少息。

因此，當我們分析房託時，反而不太著重盈利數字，因為物業估值的升幅可以是一個較虛的數字，而收到的租金收入，才有實際的現金所得，因此會以「可分派收入」、「股息」作為分析鑑基礎。

置富產業與冠君產業

Q100: 龔成老師，你好，想請教置富產業信託（0778）及冠君產業信託（2778）這兩隻股票是否優質？兩者誰較好？現價是否可長線持有？

龔成老師

置富產業信託（0778）在香港持有17個私人屋苑商場，物業組合包括約318萬平方呎零售空間及2,713個車位。雖然置富所持的物業並非最優質，但都仍算是有質素，而屋苑商場的租金穩定更是優點之一。

這股票受租金及股息上升的帶動，令股價保持上升，而股價的上升幅度超過股息上升的幅度，除了因為過往低息環境令收息資產被追捧外，另一原因是物業價格的上升。香港樓價近年上升不少，商場物業同樣升值，帶動置富的股價上升。相信長遠收息不錯的。

冠君產業信託（2778）擁有花園道三號（前稱「花旗銀行廣場」），以及朗豪坊兩幢地標級物業，分別坐落於中環區及旺角，總樓面面積達293萬平方呎，持有物業有相當的質素，估值甚高。這房託本質不錯，但比起置富，冠君略有少少風險，因有手持物業租用者大部分都是金融業，有集中風險的情況，若金融業受衝擊，對其收入有影響。

因此，兩隻房託都有其特點，你可按自己看好的物業類別作選擇，個人認為置富產業的穩定性較佳。

比較新地與太古地產

Q101: 成哥您好，係您書在你的著作《50優質潛力股》中，你將太古地產的優質程度評為五分，而新鴻基地產則評為四分。請問兩者差距何在呢？

龔成老師

新地（0016）與太古地產（1972）其實都很優質，新地樓的品質不錯，這是優點，但太古地產的樓都很好。若然有投資物業的經驗，都知新地樓是不錯的，產品對企業有相當的影響，因此，新地絕對有質素，有長遠投資的價值。

若然要比較，太古地產有發展較大型項目的經驗，例如太古城，集住宅、商場及寫字樓於一身，是一個自給自足的大型社區。

新地雖然都有發展大型住宅及商場的能力，但以複合項目的複雜程度來說，太古略佳。另外，太古旗下的商場，例如太古廣場，定位高檔，這都是其優勢之一。所以，大古地產只是較新地略為優勝，但兩者其實實力很接近。

如果你有上過我的股票班，都會收到一份「企業評估表」，共6頁，作用是客觀地分析企業的質素，依從表中的指引，為企業評分、估值。如果你學習過這份表，就會明白太古地產高分的原因。

玩財技企業的風險

Q102: 成兄，我見到有隻隆成金融（1225），五合一，創了新低，我在$0.66的價位入貨，嘗試「撈底」，因為見其純利和資本回報在2015年都有不錯的增長。我覺得後市會回升，請問你有何看法呢？

龔成老師

隆成金融（1225）近年好多財技動作：

2015年8月：一供三

2016年6月：五合一

2016年6月：一供二

我向來對這類經常供股、合股、玩財技的股票都有相當的保留，因為這些公司經常在股票市場上抽水，對小股東甚為不利，同時亦不會珍惜集資得來的資金，可能投資較高風險的業務，就算不幸失敗，亦會再在市場上集資，不是好事，甚至供股所得資金有其他目的，總之對小股東不利。

另外，這股過往的盈利不穩，五年裡有兩年虧損，從長線投資的角度看，並無投資價值。

（後續分享：這是一條2016年發問的問題，上述是當時對讀者的回答。當時股價$0.6，不足一年股價跌至$0.1，最終停牌。因此，這類問題股絕對有跡可尋。）

產品只是分析的一部分

Q103: 成哥，我買入了鴻福堂（1446）。其中一個買入的原因是我平常也有購買他們的產品，其後幾個月股價沒有大變動，成交也不高。

雖然我很欣賞此企業，但可惜未能帶給我較好的回報，所以想向你請教一下，謝謝。

龔成老師

首先，你要明白一點，股價的短期上落，只基於市場情緒、資金流向、短期消息等因素，而企業的長期股價，才決定於企業的本質。所以，買入後，宜耐心等待，當企業持續發展，股價才會漸漸反映，這不會是一年以內的事，所以我強調要長期持有（最少三年，期間不用理會股價）。而你以自己生活去發掘投資，是可以的，這都是找優質股的方向，但只是其中一步。

鴻福堂（1446）的產品都有一定的顧客群，有些更是持續購買；加上都可以稱得上是一個品牌，都有著優質股的表面條件。

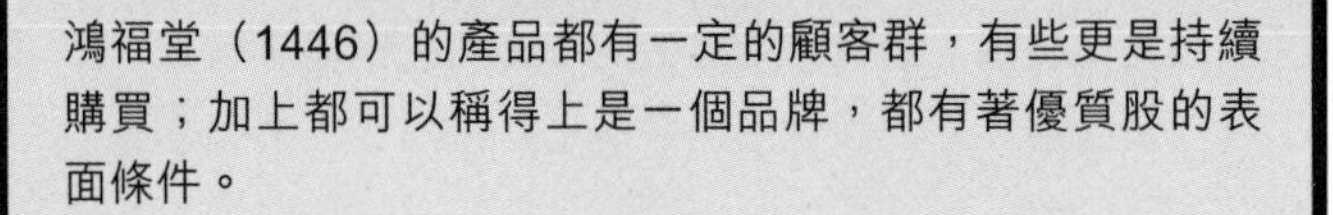

不過，若然你仔細分析此股的年報，就會發現這企業近年生意的增長明顯減少，早幾年一般每年賺$3,000萬，但2014年卻虧損$3,000萬，2015年賺$800萬，其後的年份，每年也只有幾百萬的盈利，反映這企業雖然有生意，但盈利不多，賺錢能力不算強，因此投資價值不算太高。

比亞迪與Tesla

Q104: 您好，龔sir。我想問，比亞迪同Tesla兩者都是電動車，你對Tesla 有何看法？因為Tesla 汽車無論在香港抑或外國，都很常見，感覺上較比亞迪的銷量優勝。但你卻看好比亞迪。

龔成老師

其實兩者各有所長，Tesla汽車已在香港銷售，而且成績不錯；相反比亞迪仍未成功打進香港市場，以市場定位及推廣來說，Tesla是不錯的。

但比亞迪（1211）有一個大優勢，就是中國因素，因為電動車最重要的是配套，所以國家支持相當重要，而中國對電動車的支持是正面，公共交通的訂單亦不斷給比亞迪。比亞迪先在公車市場打穩陣腳，然後保持進攻私人市場，這是理想的策略。

另外，Tesla未有盈利，而比亞迪早已有盈利，這一點十分重要，Tesla要不斷在市場各途徑集資，以維持營運及研發，但比亞迪已有正現金流，可以憑以戰養戰的模式，去穩健地發展新項目，資金鏈斷裂的問題較少，這是一個很有利的因素。

這兩間公司是全球電動車市佔率最大的兩間，但電動車始終是新興的產品，到真正全面普及仍有一段時間，當中總會存有不確定性，所以我在選股時，選了資金鏈較佳的比亞迪。

港交所合長線投資

Q105: 你好，龔成，我$195買入港交所（0388），請問是否適合長線持有？

龔成老師

可以長線持有，因為港交所（0388）獨市，一般而言，壟斷企業是典型的優質股，業務穩健，而且香港證券業發展前景良好，與中國證券業的聯繫亦愈來愈緊密，所以值得長線持有。

但你要注意一點，這股有週期的特性，因為港交所收入主要來自成交及上市費，所以一定會受到市況影響，令股價會出現較大的波動。當市場暢旺時，股價會飆升；但市況一差時，就會應聲暴跌，但從較長期的角度計，仍是長遠向上的。

因此，只要你不在股市大熱時，例如2015年大時代，這類全民皆股的年代買入，其實都有投資價值，並可長線持有。

在我股票班的教學上，數年來都以港交所作例子講述企業估值，過往計出$200以上是開始貴的價位，近年慢慢將估值提升（企業估值會因時間而改變，但變化不會如股價般大），計出大約在$230水平以上就開始貴。所以，你的買入價合理，可以長線持有。

金沙的投資價值

Q106: 龔Sir你好，我是股票班學生，自老師之前推薦金沙後，小妹在$24買入，多謝老師推介。

現時金沙股價上升了不少。金沙乃優質股，請問應否現價入市增持，或等到$30以下才再入市？另外，何解你對此股信心十足？

龔成老師

其實我們所做的是財富分配，令財富組合中，持有強勢的優質資產，同時有適當的平衡。如果你的貨不多，金沙就算$35估值仍合理，不算貴，但這些價位就不會大注，你可作出小量增持。

至於鍾愛金沙的原因，第一、賭業是本質賺錢，高毛利的行業，加上只有六個賭牌，行業本身結構寡頭壟斷，本質已十分吸引。之前澳門賭業不景，金沙由$200億盈利，下跌一半至$100億，但你細心想想，澳門賭業連跌25個月、在行業不景的情況下，金沙仍然賺取$100億！即是說，這個「不景」只是賺錢少了，而不是虧損。

其實我會用經營者的角度去分析，當金沙在不景氣的時期仍然不減少資本開支，例如大力投資在巴黎人項目，代表金沙管理層看好行業前景。另外，當金沙在不景期仍不斷派高息，代表企業持有充足現金，而年報亦顯示金沙財務穩健，有能力度過寒冬。所以當時我在寒冬期大力推薦這股，因為本質無問題，而股價則處於便宜區。

作為投資者，應以企業的本質及長期原則去評估企業，短期的因素會令股價下跌，但若果企業能度過不景期，這時就是便宜的入貨時機。

為何賣出優質股六福？

Q107: 老師你好，我讀了你的幾本著作，有些問題向你請教。六福與比亞迪，同屬優質股，但老師何以會放棄六福呢？

龔成老師

六福（0590）是我十多年前投資過的股票，當時我利用「篩選3步曲」的選股方法，從過千間上市公司中，成功找到了市場忽略的優質股，選股過程花了我不少時間，我更到六福的店舖觀察人流，最後才決定選出這股。

當時的買入價只是$1.4，我賺了一倍回報後就賣出了，其實，這股是優質股，持有愈耐愈好（現時的股價已比當年升了十倍以上）。

但當時我見到了另一機會，因為比亞迪（1211）的股價在$12，這是有潛力的股票，所以我賣出六福，轉投比亞迪。

雖然比亞迪現已升了數倍，但若我當時一直持有六福，會有更好的回報。話雖如此，但我相信無人能作出絕對正確的判斷，只能説，優質資產，只會不斷升值。

至於比亞迪，其實我絕大部分都沒有賣出，只有小部分（應該少過兩成）在較高位賣出、套現，再將資金投資物業。你可見到，我賣出的原因，不是「獲利」，也不是「賺現金」，而是「轉投資」，令財富有更大的增值力。

港鐵的估值方法

Q108: 老師你好，小妹是股票班的學生，正試用龔sir上堂時教授的市估值法，試試就港鐵作估值。

翻查港鐵10年每股盈利，平均值為$2.432。假設港鐵會有10%增長（其實我未完全懂得計算增長率，只是推算有10%），每股盈利為$2.675，再乘上10倍至15倍PE，估值為$26.75至$40.12。請問上述計算對不對？

龔成老師

基本上，你已初步掌握了概念，但其實要正式計算，是一件複雜及花時間的事，這亦是我之前所講，我每分析一隻股票都起碼要花上六至八小時的原因。

港鐵（0066）的盈利來源為車務收入，以及物業投資，物業投資雖然有點波動，但我們在分析時可以平均計算。盈利中，除了發展房地產進行物業銷售之外，還涵蓋物業重估等因素（即是樓價上升了，便將該物業的升幅作為年度的盈利），每年大約$20億至$40億不等，惟這盈利沒有真正現金流，計算時都會調整。

所以，在考慮港鐵的「每股盈利」時，就要扣除這部分的數字，令盈利更反映出真正情況。扣除後，平均數大約為$2.1。另外，港鐵屬大型企業，一般增長速度不會很快，通常以5%的增長較合理，即是推算為$2.21。

至於合理市盈率，港鐵一直壟斷市場，具有獨特優勢，加上物業發展的附加優勢，長遠來説，仍有很大發展空間，但增長卻不快，平均ROE亦只有10%，這反映資本開支大，回本期長。因此，我們可以用公用股的合理市盈率，再向上調，大約14至20倍為合理範圍。

以此作為推算，初步計出估值的合理區，在$30.9至$44.2的範圍之間。

港鐵是優質股

Q109: 成哥，你好！《50優質潛力股》一書中，港鐵是其中一隻超優質股。但問題是，高鐵、沙中線超支頻繁、常有大型事故，管理質素一般。而其特別派息造法又會否損害未來兩至三年的業績，以及派息比率呢？

龔成老師

港鐵（0066）的獨特地位是其最優質之處，這點沒有動搖。高鐵事件的確反映管理質素仍有進步空間，但不會影響本身優質的地位。至於高鐵事件所派的特別股息，往後未必再有，所以分析往後股息時，要撇除這因素去考慮。另外，這對港鐵其後的業績並無特別影響。

但從另一角度看，超支事件反而見到港鐵的優質之處。

港鐵因為建造高鐵而超支，逼使政府出手，支付大部分建造費，然後港鐵再玩財技，利用派特別股息，將部分錢還給政府。由此可見，港鐵顯然是「輸打贏要」，賺錢，就自己「袋袋平安」；虧損，就由政府補貼。從道義上，當然不太好，但從投資角度，這絕對是優質股，因為港鐵處於「穩賺」的優勢中。所以，這股的優質地位不變。

就算港鐵有任何事故、問題，市民到了第二天，也會照搭港鐵，這是由於可替代產品不多，令市民無奈要照搭港鐵，成為生意與盈利的保障，而這正是優質股的其中一個指標。

潛力股中生制藥

Q110: 中生制藥（1177）是老師分析過的股票，股價大上大落，老師點睇這股前景？

龔成老師

我首先從企業最根本去分析，中生制藥（1177）有一定的規模及產品類別，其產品已有一定的市場佔有率，生意穩健，研發方面亦不錯，令中生制藥處於增長的狀態。

長遠而言，隨著人民生活質素提升、人口老化，以及人們更關注健康等因素下，將全速帶動行業的增長。

但政策風險對行業及這企業產生不確定性，令市場上的藥物價格下跌，這的確會令醫藥企業的估值下跌，因為會影響企業的賺錢能力。

不過長遠計，市場會自然出現平衡，行業慢慢回復賺錢水平。而中生製藥這類大型企業，財力較強，就算市場出現中短期的亂局，只會淘汰一些無質素無實力的企業，長遠對這企業影響有限。但賺錢能力減少，企業無可避免去扣少少分，但仍有質素的。

簡單來説，這股有質素，長遠仍會正面，但行業有可能出現中短期不景，同時這股的股價甚為波動，投資時要慢慢分注，同時總投資金額不要太大。

互太高息背後的風險

Q111: 你好。本人有本金$10萬，想買入互太紡織（1382）作收息為現金流之用。若價值投資，請問如何判斷此股股價何時才是抵買還是價殘？謝謝。

龔成老師

互太紡織（1382）主要從事紡織產品的製造及貿易，主要客戶為一些知名品牌生產紡織產品，例如Calvin Klein、馬莎、黛安芬、UNIQLO等。

因為是長期合作關係，所以訂單都算穩定，本質算是不錯，但這類企業，有可能面對毛利率下跌的風險。由於客戶都是國際大品牌，所以有機會比他們壓價，當市場穩定時，企業問題不大，但當市場環境欠佳時，客戶本身的生意也受到拖累的話，第一步就有可能向供應商著手減成本，所以互太紡織的價格自主力較弱。另外，即使自身的成本增加，亦難以轉嫁給客戶。

過往派息尚算穩定，企業整體不差，可作長線投資收息，而且市盈率不高，息率不差，但注意派息有可能下跌，息率宜在八厘以上才開始考慮此股，但這股的升幅有限，不宜期望太大。

另外，我估計你的目的是收息，你應該是較低風險的投資者，這股過往雖高息，但面對上述所講的價格風險，所以不宜將所有資金只集中在這股，要用上分散風險策略，定能解決上述的問題。

載通的潛在風險

Q112: 您好，請問載通（0062）有沒有投資價值？

龔成老師

載通（0062）在香港公共交通的市場佔有率中，約佔兩成，僅次於港鐵，由於香港是發展成熟的市場，人們使用交通工具的模式甚為穩定，因此變化不大，本質上是不差的。

九巴是載通的主要業務，雖然是市民依賴的交通工具，但在「交通工具」的層面，市民可選擇性較多，更何況政府表明香港的未來發展藍圖，將會愈來愈依賴鐵路，所以這股相當平穩，無大發展。另外，即將燃料或其他成本增加，九巴亦難以把成本支出轉嫁給消費者，因此當盈利波動時，股價便會隨之波動，股息亦因而變化較大。

綜合以上幾點，載通因為經營公共交通業務，因此本質是穩定，但由於成本結構問題，存有潛在的不確定性，投資價值只屬中等，如果見到較便宜的價位，可入市，但就不宜太大注碼。

NOTE

高息華置不是收息股

Q113: 龔成兄，本人發現華人置業（0127）息率很高，不斷派發大額股息，這是否一隻優質的收息股？

龔成老師

華人置業（0127）股息的確好高，但這不代表這是理想的收息股，因為一隻真正理想的收息股，重點是穩定派息政策，以及業務本質發展穩定。

以過往多年的分析，華人置業本身的派息不算太多，但近幾年都有派「特別股息」，而且非常高，這股息當然吸引，但關鍵是，這些特別股息未必年年有，所以投資者見到的高息，都屬「過去式」，而且公司亦表明這是「特別」股息，即是這股息不是恒常性質，若然之後不再派息，根本不足為奇。

同時，華置業務是地產業，業務上存有不確定性，華置近年出售了不少資產，所以才有條件派高息，但出售資產始終不是長遠之計，不會持續發生，所以，之後的派息亦不一定會這麼高。雖然這是高息率的股票（因為剛過去一年股息高），但卻不是理想的收息股。

當我們尋找收息股時，會考慮企業過往5年的派息情況，派息比率、派息政策等，另外，亦要分析企業的業務是否穩定，同時該股息由業務產生還是特殊收益產生。

合和公路是收息股

Q114: 合和公路是優質股嗎？是收息股嗎？現價合理嗎？謝謝。

龔成老師

合和公路（0737）主要業務在中國發展及經營策略性重點高速公路、隧道、橋樑及相關基建項目。簡單來說，就是收路費的企業，現時主要依賴四條道路來組成其收入貢獻，包括廣深高速公路、西線I期、西線II期及西線III期。

雖然合和公路的業務為以收路費為主，但由於汽車流量、收費定價、相關政策等因素，亦令其收入及盈利略有波動，尤以2013年的盈利下跌較大，主要由於中國的道路收費政策有變，令合和公路的賺錢能力受到影響，但目前已進入平穩。

港珠澳大橋及其連接線，可直達橫琴國家級新開發區、澳門和香港，合和公路（0737）亦將會受惠。整體來說，這股屬有質素的股票。

再者，合和公路（0737）其中一個重要收入來源是收取路費，基本上，在業務穩定的情況下，派息亦相對地穩定。因此，要用之前的平均計算方式會較佳，相信往後有$0.2至$0.25的股息，若然股價在$4.5水平，便算是合理，$4以下更是開始吸引。

NOTE

香港電訊是收息股

Q115: Hello，想請教你，對香港電訊（6823）有何看法？之前見其業績都相當正面，但股價卻下跌，原因是甚麼呢？同時，這股是否只是收息股？謝謝。

龔成老師

香港電訊（6823）是業務穩定的股票，過往的派息比率達100%，絕對是典型的收息股。

香港電訊擁有一定的優勢，而且市場結構對其有利，令企業的生意與盈利得以保障，電訊行業高速發展的年代已過，智能手機爆炸式增長時代亦不再，即是這企業並不屬於高增長類型。香港電訊以信託形式上市，當中的契約條款規定，業務所得在扣除各開支後，「可分派收入」要100%作股息派送，所以從派息比率中，可見每次都有100%以上，而多於100%部分是將之前所賺的派出。

雖然將盈利全派出，致使增長有限，只能守著原有業務，但由於這企業的業務基礎不錯，能在本業中發展伸延業務，同時行業仍處平穩增長狀態，這將有助往後的股息仍有平穩增長的動力，但就不會像過往幾年般快速。其實收息股的股價應該是穩定的，但在之前的低息環境下，引致收息股被炒高，同時市場對其派息有更大的期望，當期望落空時，股價自然大跌。不過，並不代表這股轉差，只是之前期望太大。

同時，經過了一輪電訊業價格戰後，或多或少都會有影響，但以整個行業的長遠結構分析，香港電訊本身的業務穩定，行業結構對其有利。因此，若然你是買來作為長期收息，哪其實可以毋須理會中短期的股價波動。

哪些人適合投資港燈

Q116: 您好，之前在課堂上，我見你推介港燈（2638），但我之前睇過另一位專欄作家的文章，內容談到不要以為港燈有7厘息，好吸引，其實李氏已經在港燈抽空所有資金，轉投英國，損害小股東利益，7厘只是引人上釣，究竟應該信你還是哪個專欄作家呢？

龔成老師

李生是精明的商人，李生數年前將港燈（2638）分拆上市，「與民同樂」，其實是將持有的股數減少，轉成現金。

進行這個動作，是由於港燈對李生的吸引力有限，每年沉悶地收電費，股東平穩地賺取7%股息，7%對他來説是不吸引的，因此他減持港燈，寧願將資金投資在更高回報的項目，因為他有信心在海外業務可以賺取10%或以上，反而港燈只屬沒有增長力的項目。

究竟你想追求增長，還是穩定收7%股息？這答案因人而異，正如我在課堂中，講述我自己並無持有港燈，但在管理父母的資金中，就持有不少港燈，這是因為他們需要的，正正是低風險，穩定的現金流回報，而投資沒有絕對的好壞，只有適合與否。對不少低風險的收息者來説，沒有增長但收息穩定的港燈，是理想之選。

NOTE

收息股應否止賺？

Q117: 龔sir，我之前上堂聽你的推介，在$5.7入了港燈，作長揸收息，其後升到$7，未計股息都有兩、三成回報，你認為我應否沽出呢？

龔成老師

如果你是收息的話，其實不用沽出，因為之後未必能夠再買回。港燈（2638）是優質資產，如果之前打算長線投資想收息，哪就繼續原有的策略。

其中一個關鍵位，是考慮兩者的機會成本問題，無人知沽出後，會否回落至之前的價位，你要想想，如果沽出後股價不回落，你所賺的現金，是否足夠抵銷往後收息的現金流。

因此，除非沽出後獲取可觀利潤，再將利潤轉投另一資產，以獲取更理想的現金流，否則不會考慮。例如港燈上升七成，沽出所得的利潤，高於10年所收的股息，這時才會開始考慮（因為仍要視乎到時的實際情況），總之，沽出的目的並非為了獲利，而是用作投資另一更強現金流的資產。

NOTE

第七章：人生規劃

永不到岸的80後

Q118: 成哥，我都是80後，我很不開心！我事業永遠都上不到岸！可能我經常轉工，根本不知道自己應該怎麼樣才好。

我現時在一間小型琴行做行政工作，因為琴行經營出現問題，薪金很低，為此，我惟有一人做兩份工！唉！可惜兩份工的薪金加起來也只得$12,000。早上6:30，我去做酒樓侍應，一直做到下午3:30，然後下午4:30返琴行上班，做兩小時行政工作，我真的覺得自己很沒用、沒出息！

雖然我在HKMA修讀完市場學的學位課程，但覺得沒甚麼用！甚麼工種都好像沒有方向，侍應這份工很辛苦，很疲累，回到琴行又好像渾渾噩噩，一事無成的感覺很強！朋友叫我學電腦寫apps，轉行做電腦工作，他當年中學會考成績只得1分，但今天他已成家立室，雖然只是主任級中層員工，但薪金不錯，反觀自己，今天甚麼都沒有！成哥，我可以怎樣？

我朋友介紹你給我認識，我立刻在商務書店買了你的著作！而你在fb曾介紹一本講財富的書，原來多年來，我都有這本書！只是沒有認真看過！我感到人生很不開心！方向很亂！

NOTE

龔成老師

你要做的是「重整思維」，好好想清楚自己想怎樣，不妨利用放假的時間，靜靜地思考一下自己的強項、興趣、條件、弱點、夢想和目標，還有自己裡裡外外的環境因素，不要一開始就氣餒，慢慢仔細想，每個人都有優點，你本身已擁有的優勢，社會上沒有一份最好的工，但卻有最適合你的工。

你覺得吃力，是因為你用了大部分時間去賺取生活費，而最終令自己失去時間。但我及其他有錢人，並不是用時間換取生活費，而是用時間建立財富系統，當你只賺生活費時，你無法剩下甚麼，但當你在建立財富時，你正不斷在累積了一些東西，我稱之為「資產」。

要做資產累積不是一時三刻就能做到，我以前都是一邊打工，一邊並行建立資產，並在10年之內成功達致財務自由狀態，亦即是上一代人所講的「上岸」，未上岸者，如同在浮游於海中，仍要不斷努力，同時無法停下來，你正是這個狀態。當然，財務自由對你來說太遠，概念可能太深，因此，目前你應先從事業方面著手，所以你要轉工。

你首先要思考自己的強項，然後找一份更適合你、薪金較高、或更有前途的工作，然後利用這做工餘時間，並行建立生意或資產。同時，亦應該開始儲蓄，起碼累積到一點財富，但記住不要心急去「炒股」，而是要令財富合理增值，現時必須先踏出第一步。

中一學生計劃未來

Q119: 龔成，你好，小弟今年還在讀中一，我想問，我們小朋友除了讀書，為未來開路，還有其他方法嗎？

龔成老師

讀書是大路及較穩陣的方法，但絕不是唯一的方法。首先你要想想，你將來想做甚麼，以你這個年紀，已經可以開始思考這個問題，你想你的一生怎樣過？你有甚麼興趣？你做甚麼事情最開心？你想做甚麼職業？你想成為甚麼？你的夢想是甚麼？

可能對你來説，這些問題較難入手，但你可從以下的方向著手協助你思考，例如你的興趣、強項？你喜歡讀甚麼、做甚麼？你有沒有心儀的職業、有沒有崇拜的偶像？你想做他的職業嗎？

簡單來説，就是了解自己，這並不是一個容易的過程，但你終有一天都要思考的，若果你不認真想，往後一直都不面對這問題，你只會受社會、朋友、家人影響，隨波逐流，甚至無聊地渡過一生。

當你想到自己想做的職業，接下來你便能解答你問我的問題。例如你想做銀行家、做企業家、做運動員，你就可以找更多資料，了解在香港，甚至在這些範疇成功的人，他們的心路歷程是怎樣的。可能他們之中有人是不用讀書，但卻擁有其他的知識，又或經過比讀書更艱苦的路，所以你要了解現實的情況。

如果你想為未來打算，在這年紀最重要仍是讀書，但在讀學校書本的同時，可同步學習一些你想發展將來職業而要的知識或技能。

(續下頁 ...)

如果你是因為怕辛苦而不想讀書，我可以告訴你，現實中的確有人不用讀書亦可以好成功，但他們在現實中經歷的辛苦，肯定比讀書時還多，同時他們擁有某些獨特的技能。所以，如果你未肯定自己是否擁有這些技能，令你在社會上較易獲得成功，哪麼，讀書以獲取社會上基本的入場券，相信是正路的做法。

龔成老師

NOTE

無學位就輸一世？

Q120: 龔成兄，你好，我是高級文憑畢業，總覺得比不上大學生，無論頭腦、人脈、學歷，總之各方面都不及他們，如果想做到財務自由的話，相信比他們更困難。請問龔成兄，你認為我這個想法有沒有錯呢？

如果現實的確如此，哪麼可否教我一些改進方法？麻煩你。

龔成老師

我當初進入社會時，都是IVE畢業，但我絕不覺得自己比別人差，因為企業所需要的，是一個有工作能力的人，而不一定是高學歷的人，這些表面事情，雖然會在初期有影響，但只要你有實力，漸漸你的優勢就會出現。因此，第一步是相信自己，找到適合你發揮所長的地方。

我認識不少年輕人，會考低於10分，但現時月入也動輒五、六萬元，從另一個角度看，工作與學歷相關性不大，學歷只是起步點，不要太執著。

在財務自由的世界裡，「學歷」與「財務自由」，相關性是零！財務自由所需要的，是你財務上的知識與技巧，而這些知識不是從學校所學到的。如果你能夠每星期讀一本致富類的工具書，我保證，你一年後的財務知識，一定比絕大部分大學生強，財務自由也只是遲早的事。

所以，你現時必須做四件事：

1. 改變思維，相信自己一定做到，發掘個人的強項；
2. 必須保持閱讀增加財務知識的工具書的習慣；
3. 參加相關的講座，報讀相關的課程，用盡方法使得自己增值；
4. 擴展人脈網絡，經常參與商會活動。

讀碩士抑或學投資？

Q121: 老師的幾本著作徹底改變了我的金錢觀，除了正如老師所講，積極開源儲蓄，我也打算報讀碩士課程，這方面想問問老師的意見。

其實，你覺得讀碩士對人生有沒有幫助？假如根本從沒打算在職場中拼命向上爬的話，是否應該留有資金作彈藥，為自己的人生拼一拼，例如炒股，甚至投資物業？又還是讀一個課程？兩者你覺得哪一條路較好呢？

龔成老師

如果你有明確的碩士課程想讀（要讀），又或已有長遠規劃，讀碩士可在你事業中有明顯的發展，哪就值得去讀。

但你既沒有清晰的方向和目標，也沒有決心想進修哪一個科目，哪就不要為讀而讀，這根本是浪費金錢和時間。最好的方法是先找到自己想行的路，一邊行，一邊找相關的知識去進修，這樣的話，我相信作用會較大，而我個人較為偏向學習實用性多於形式上的課程。

又假如還有一點資金，其實可試試做生意，因為學到的，肯定比學校更多，甚至有機會幫你找到另一條出路，對事業有明顯幫助。至於投資方面，這是重要理財部分，一定要做，無興趣研究可買基金等，有興趣的話，亦可報讀不同的投資課程，有助你學習如何增長財富。

坦白說，學校對實質知識增長的幫助只屬一般，因為學校是訓練僱員的地方，對財富、能力及個人開發方面都沒太大幫助。所以，你要思考大學能否幫你日後在職場上有更大的晉升及發展的機會，你要分析你所屬公司及行業，學歷的幫助有多大，如果有較明確的幫助，當然就值得讀。

（續下頁 ...）

龔成老師

因為讀一個碩士課程所需要投入的金錢和時間都不少，所以從回報計，真的要考慮清楚是否值得。否則，不讀碩士，反而將金錢和時間去進修其他更有用的課程，又或者投資，甚至創業，得著可能會更大。我支持進修，亦同意需要不斷進步，但不應抱著「人有我有」的心態，而是要學習對我們的人生和財富有實質幫助的知識。

NOTE

不再廢青

Q122: 您好，拜讀閣下的著作《80後200萬富翁》，真的是深深觸動我，給我人生很大的反思！説真的，內心非常欣賞閣下積極做事的堅持與認真！

我也是80後，但與您的故事卻是兩碼子的事！我現在失業，還欠銀行數萬元！有大學學位，就算應徵一些合約工作都處處碰壁，更加不希望再做哪些跟車、倉務員之類工作了。

我覺得人生好灰，每日行屍走肉過日子，不要説結婚買樓，連生存多幾年的勇氣都沒有，很多朋友早已成家立室，弄兒為樂！自己卻一事無成！

現在完全不想跟舊同學和親戚朋友見面，沒有自信，非常消極，只想躲起來，自己又無一技之長，根本看不到前路，我常問自己怎麼辦呢？回想過去沒好好增值自己，也沒好好計劃自己人生，浪費了10年最黃金的青春歲月，現在我覺得用「廢青」來形容我，都抬高了我。

看完你的故事，讓我找到一絲希望，覺得人生還是有希望的，我從不奢望大富大貴，只求生活安穩，財務自由，我很想複製你的成功，我真心相信你所講的方法是可行的！

我也曾讀過一些財經名人的著作，但甚少有你所寫的有血有淚，我希望能夠了解多些關於財政方面的知識，我現在有個目標，哪就是希望三年內還清債務，及儲到$10萬！希望指教！

首先，你必須重新建立自信心，以及積極的人生態度，學懂欣賞自己，發掘自己的長處，從字裡行間，已看到你求變的心，只要你決心改變，就不會是廢青。所以，從今天起，你要認同自己的價值，決心改變，否則的話，就甚麼都做不到，你可每日早晚對著鏡子，自我激勵（花半分鐘說一些肯定自己的話，今天我仍每日這樣做），同時多做運動，自然就會積極起來。

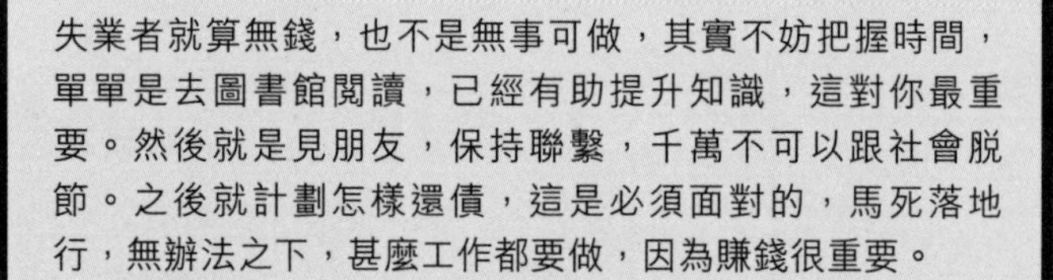

失業者就算無錢，也不是無事可做，其實不妨把握時間，單單是去圖書館閱讀，已經有助提升知識，這對你最重要。然後就是見朋友，保持聯繫，千萬不可以跟社會脫節。之後就計劃怎樣還債，這是必須面對的，馬死落地行，無辦法之下，甚麼工作都要做，因為賺錢很重要。

長遠來說，你要想清楚你個人的強項、過去的工作經驗、能力、興趣，然後找出真正適合自己發展的行業，只要找到可以給你發揮所長的工作，就自然明白自己的價值，同時財富也會明顯增加。

如果你想做更賺錢的工作，其實可以考慮銷售工作，只要你有很大的動力賺錢，願意變得積極、外向、主動，這樣你不只能清還債務，更可能改變到你往後的人生。由經紀至零售店的推銷員都可，但前提是你要有決心，努力改變自己，發揮個人潛能，這一切都只視乎你的心態。

簡單來說，首先提升自信，然後重新與社會接軌，找工作，最好找一份能夠長遠發展的工作。當擁有收入後，還債並儲錢，三年內要有10萬元，根本不是難事，你一定可以做到！

意念成就事實！加油！

工字怎出頭？

Q123: 成哥，你好，我今年22歲，做地盤科文，剛剛開始半工讀土木工程高級文憑，課程內容主要是理論，完成課程之後，也未必應用得上，覺得浪費時間，現在心大心細。小時候，已經渴望可以將來成為一個有錢人，自由自在做自己想做的事，但自己又沒甚麼做生意天份，不及你年紀輕輕已懂得做生意。

唸初中時，讀了一小部分《富爸爸》這本書的內容，見到「財務自由」這四個字，但沒深究，因為從小到到大，努力工作儲錢這個「加」的概念，都一直是由父母根深柢固地灌輸給我們，所以只知道工作是賺取收入的唯一方法。

踏入社會後，每日都忙於奔命，只是為了生存，人生際遇都不好，之後辭職，失去工作後，性格變得焦躁不安，期間，我在三聯書店看到你這本書，愈讀愈覺得你的觀點很有意思。其後我便找到現時的地盤科文工作。

現在我腦海中哪套舊觀念正和你的「乘」的觀念處於衝突中，思緒非常亂，返工又沒以前哪麼有幹勁，因為認清了原來自己在老鼠賽跑當中，不甘心就此一生，但又不知應該如何走下一步。我真的不知找誰指點去路，你是過來人，靠自己努力和堅持累積財富，你的一字一言都具有極大説服力，希望您可以得到你的回覆，感激不盡！

龔成老師

先講你讀書的部分，除非所進修的項目對你將來是有真正的幫助，否則只是為學而學，我有所保留，因為太浪費時間，不如將時間用於學習創富，又或一些對將來事業有具體幫助的知識技能，哪來得更好。

要賺大錢、要致富，最好當然是全職做有關「乘」的工作，即是《80後百萬富翁》所講的五個方法，哪就是做生意、投資物業、投資股票、成為專家，以及做賺取佣金的工作。這是最好的路，但未必所有人都適合全職的，全職做生意的人，十個有八個失敗，就算強如《富爸爸》作者清崎，亦試過人到中年時，因為無錢而要寄居於朋友家一年。

因此，全職創富這條路並不易行，當中必定會經歷失敗，之後才能有大成功，你的能力不是重點，你的心態是否準備就緒，以及你的決心有多大，才是重點。除非你有好大好大的決心，否則我會建議你以「打工+創富」並行數年進行會更好，即是本身有一份正職，再以兼職時間去學和做相關的創富方法，而我自己當年就是這個樣的。

你很年輕，可能思路仍未清晰，所以未必很清楚自己的想法。所以一邊打工，一邊執行上述的五方法，你便會慢慢地摸索得到自己究竟想走一條怎樣的人生路，當上述方法的回報足夠你從全職的打工生涯跳出來，到時再作其他考慮也不遲；加上你欠缺實際的社會經驗，所以先在職場累積經驗，將來一定更好。

但要記住，你打工之同時，必須利用時間學習創富，努力創富。工作也不應以薪金為大前提，而是要爭取薪金以外的附加價值，例如人脈、社會知識與經驗、商機等。你現時在地盤工作，之前我也聽聞一個做搭棚的年輕人成功致

(續下頁 ...)

富的真實個案，他由低做起，累積經驗和人脈後，便開了一家搭棚公司，乘著香港建築業起飛，生意愈做愈大，年年賺過百萬。其實，有些向來由行內老行尊的行業，反而是年輕人的機會，因為這些傳統行業其實很需要變革，年輕人的新思維將有可能協助推動發展。

所以機會到處都有，問題是你有無足夠的能力，雖說「工字不出頭」，但都要保持積極，我相信努力工作與創富並無衝突，所以你要做的，就是盡力做好你份工，並同時尋找機會，再利用工餘時間「學創富、去創富」。加油！

龔成老師

NOTE

哪個行業最有景？

Q124: 成哥，我想再請教，在你來説，你覺得哪一個行業可以長遠看好？我想找一份工長遠發展，但苦無方向，你有何建議？

龔成老師

這個問題真的很難答，因為世界瞬息萬變，或者，先從香港經濟以甚麼主導以及世界主導的是甚麼簡單分析一下。我相信科技是其中一個方向，但這範疇很大，變化也很快，如果你偏向追求穩定的話，哪科技未必是最好。另外，綜觀中港兩地融合發展，我相信香港與中國的聯繫將會愈來愈緊密，這都是一個大方向。

香港的金融地位根基穩固，在這方面發展應該也不錯，銀行工屬於穩定性較強的行業，你可考慮投身銀行業。不過，我認為一個人最重要是找到自已想做的事，工作穩定只是其中一個考慮因素，所以還是先了解清楚自己的興趣與強項，是否願意投放時間在這行業發展。

另一方面，世界變得太快，追求穩定的難度愈來愈高，所以，你一定要保持個人競爭力，千萬不可與市場脱軌，最好擁有任何工種都需要的技能，例如英文、普通話、溝通技巧、人脈網、領導才能、應變能力等。

但有一點你要留意，上述所講是社會環境因素，這雖然會影響你的路，但最重要的，始終是你本身，你的興趣、強項、優勢，自己心底最想行一條怎樣的路，才是關鍵。

工作上的決擇

Q125: 成兄，小弟現時有一個關於選擇工作的難題，希望龔成師兄能夠以豐富經驗和見識給予我一點意見，十分感謝！

三個月前，舊老闆找我返公司幫手，我答應了，剛剛今個星期開工。但在新舊兩份工的交接期間，我又找了一份兼職，因為不想游手好閒和零收入，但雖然是兼職，但返工時間與全職無異。

其實之前已經同兼職的哪間公司表明，一找到全職工作，就辭職不幹，想不到他們挽留我轉全職，還承諾等我兩三個月，讓我先去新公司上班，之後才再過檔。

問題就是，我該如何選擇呢？其實，我不是單單要個答案，而是想知道有些甚麼因素是我可能沒考慮到，我已經為此而大傷腦筋了！。

龔成老師

首先，你要分析問題的核心，哪就是工作的本質、前景發展、長遠收入、喜歡與否等。至於前因後果、兼職轉全職、老闆如何留你，這些過去式都不是核心的問題，不要被這些非核心因素影響你當刻決定。

試想像以下情景，假如你要在其中一個行業做足一世，哪一份工較有興趣，哪一份工較有前途？你會選哪一間公司做足一世？

又假設，你在其中一間公司做了三年之後，你會轉工或者轉行，哪麼現時兩間公司，哪一間對你長遠發展最為有利呢？

若是上述因素難以比較的話，就用其他因素分析，例如「工餘時間」較多，增值的時間亦會愈多，所以不妨分析哪公司可以增加你「工餘增值力」的，就選哪一間吧。

欠債兼職求翻身

Q126: 今年28歲，欠債近$50萬，處於半失業狀態，晚上當散工，現正努力找正職，求理財出路。

龔成老師

你現時的確需要找一份正職，賺錢改善生活，然後開始還債，再逐步建立財富，所以你必須將「找工作」作為你現時每天都要做的事，就等同返工一樣。

不過，若然你想收入有突破，不妨轉做銷售性質的工作，例如證券經紀、地產經紀、保險經紀等，雖然不是每個人都適合，但你未試過，又怎會知道結果呢？

在我的書《財務自由行》，當中有講述5條財務自由之路，做佣金收入工作正正是其中一條。對不少人來說，這些經紀類工作未必是首選，但對於要求突破的人來說，有可能是更好的出路。

因為經紀的收入，建基於你有多大的決心，當你負債不少，你賺錢的動力就會強，當一個人處於極度渴望的狀態，就很自然做到一些誇張的目標。

因此，經紀對你來說是其中一條出路，只要你有決心有動力，這條路可以幫你很快還債，甚至是更大的突破。

NOTE

Q126再問： 感謝你的回覆。我已積極地找全職的工作，今日返完通宵後，便即刻去見工面試，明天也是。另一方面，我亦正努力自修保險課程，希望能夠考取保險經紀牌照，早日走出困局。

未傳短訊給你之前，其實我很消極，但我真的不想這樣過我的人生。

龔成老師

你主動問我，即是你想找方法走出去困局，你只要保持這顆心，一直堅持，一定可以做到！

坦白說，$50萬不算是大數目，你有決心的話，就一定可以解決。所以，你要做的，就是保持正面心態，絕對不能沉落去，只要你保持正面思維，保持尋找方法的態度，定能走出困境。另外，不要走去破產，這樣會影響你找工作，翻身更難。

史泰龍在成名前，所寫的劇本被拒500次，最後才被接納，成功拍了《洛奇》一片。肯德基的炸雞，最初被餐廳拒絕了1,000次。所以，只要你堅持，你就會成功，這點是我深信不疑的。加油！

NOTE

政府工的利弊

Q127: 成，你覺得入職政府和做投資者有何分別？哪條路會較吸引？

龔成老師

政府工有穩定收入，買樓做按揭貸款比較容易，這是其中一個有利累積財富的方法，加上部分職位準時收工，可利用工餘時間「創富」，這都是一個增加財富的方法。但要考慮，政府工有可能過於穩定，欠缺突破性，不只收入難以明顯增加，就連個人能力方面，亦只會停留在自己的舒適圈中，往往不求進步。

至於創業或投資，是一個弱肉強食的世界，時時刻刻都要保持鬥心，如果無決心的話，還是安安定定地打工好了，創業投資世界是需要不斷學習和進步，還要充滿熱情。久而久之，你的能力便會比一般人強，見識也比人多，人生更豐富，雖然這路不易行，但回報卻豐厚。你看看哪些富豪榜，上榜的都不會是打工一族。

對於大部分打工仔來說，較好的創富方法是「兩者並行」，即是在打工之同時，利用工餘時間創業、投資等，絕對是穩中求勝的方法。

NOTE

從兼職到突破思維

Q128: 在你的著作《百萬富翁》裡面，提及你提高收入來源的方法是靠兼職。但我跟公司簽約時，合約清楚列明不可兼職，否則公司有權終止聘用。而我又不懂得識投資，如何是好呢？

龔成老師

我以自己的經歷來說明之。我一踏出社會，已開始正職與兼職並行，做補習老師、教授興趣班、投搞，總之正職以外，做小生意、寫專欄、寫書、教課程、搞網站。我想講，當時我做正職的哪間公司，都不容許我做兼職的，合約亦寫明會終止僱用，但我都照做。

如果你擔心被揭發，可以考慮私人補習之類的工作，一個月都可多賺三數千元。你亦可以多閱讀，自我增值，如果一星期讀一本，一年後，我保證你一定知道怎樣賺取更多錢。另外，你可試試網上做些小生意，這類賺「外快」的工作，一般都難以發現。至於你說不懂投資，我相信沒有人一開始就識，任何人都要經過學習，可以的話，愈早學習，就就愈早開始投資增值。

我反而想講，你太不懂得變通，做人處事太規限不是好事，香港教育經常強調「標準答案」，這思維根本是很有問題，令人困在框架之中，我建議你嘗試大膽地「不依常規」做事，尋求突破。

有時，訂立規則只是為了方便管理，在不影響他人的話，根本不必因為別人所定的框架制度而局限了自己，你不是為公司和別人生存，而是為自己。你要尋找方法突破，多做一些平時沒有做又不能做的事，這將會對你以後的人生有很大幫助，現在是時候突破了。

網上創業求突破

Q129: 龔成，你好，我今年26歲了！少不更事的我，因為拖欠卡數近10萬元，加上身體問題而無法正常上班，只能於網上創業，幸運地，現在每月約有一萬元左右收入！

其實讀完你的書後，我真的有股衝勁去解決一切，我亦深信我可以做到！但返回現實之後，我又不知從何入手！希望你可以給我一個指引！

真的很感激你哪本著作，讓我知道自己還有路可行，只是從來無人告訴我正確方向！無論如何，我都會好好向你學習！

NOTE

龔成老師

其實網上營銷的發展好大，行行出狀元，你一樣可以成功，有自己的成就，因為你正身處於事業發展的快車軌道上，現時你有三件事可以做：

1. 增加知識；

2. 尋找更多商機；

3. 建立人脈網絡。

增加知識包括做生意的知識，以及網絡銷售的技巧（這是非常重要的，網上銷售成功往往不是產品好，而是銷售技巧好），書本雖然能提供部分知識，但我更建議你學習書本外的知識。我不清楚你身體的具體情況，但如果可以的話，你最好參加各類型不同的網上創業的講座，以及結識行業的相關人士。坊間有不少收費或免費的講座，你上網找找，就算是政府的工貿處SUCCESS計劃，都經常舉辦很多創業講座，一定有適合你的。

另外，你要不斷尋找新商機，從中分析哪類商品有市場發展空間，不宜局限於原有的幾類貨品，一有時間的話，透過網上發掘新產品，掌握市場動態，長遠而言，肯定對你大有裨益的。

你的情況就好像擁有一間士多，有生意但無突破，所以你要見識一下大型超市的銷售技巧，更要結識超市的大老闆。當然，深入了解網上銷售的竅門很重要，如果能夠結識相關的負責人，將有助你突破現有狀況。

創業應專注發展

Q130: 成先生，你好，小弟今年28歲，同朋友合資創業，開店自僱，生意不錯，所以未夠一年，我們已決定擴充，並遷新舖，可是現在位置不理想。為了搬新舖，我們跟銀行再貸款$10萬作為成本，雖然本身已有負債，但連還款在內，扣除所有成本，仍有盈利。對於這盤生意，你有甚麼意見給我們？

假設我想借中小企貸款作為公司的現金流，或用作買入一些有前景的股票，這樣可行嗎，風險高嗎？另外，想知道你怎樣看Tesla motors這隻股票，因我們經營的生意而有機會經常接觸到他們，覺得這間公司很有實力。謝謝賜教。

龔成老師

我認為你們應該專注本業，不應該將貸款用作投資股票，因為這筆錢是作為備用現金，若投資股票後，不幸股價下跌，到時就會失去了一筆應急的現金流。做生意與投資股票是不同的範疇，有些老闆經營不在行的生意，甚至將公司上市後，用資金炒自己公司的股票，都是不利公司發展的行為。

所以，你現時最重要的，就是搞好自己間公司，賺到錢就再投入公司發展，直到公司穩定下來，並有一筆更大的現金流時，才適宜投資其他項目，例如投資優質股作長線持有。至於你在生意上有機會接觸Tesla，我估計你所經營的是一些較為新興的生意，相信會發展迅速，而這類生意一定要加快搶佔市場，避免競爭對手搶灘。

至於Tesla這股票，其實與比亞迪（1211）一樣，我都視之為潛力股，絕對有前景，但要注意股價波動，但比亞迪有兩大優勢，分別是持有正現金流，以及中國市場因素，這都是我看好的重要元素。雖然有人説兩間公司是競爭對手，但我反而認為他們會合力擴大市場空間，因此兩者都有前景。

遲來的儲錢大計

Q131: 你好！小弟之前有份參加「通往財務之路」講座，得到一些啟發，亦看了你哪本《百萬富翁》著作，希望自己可以立定決心，走上財務自由之路。

先簡單介紹一下我的背景，小弟是「80後」，未婚，無物業，與家人同住屋邨，有份政府工，薪金約$20,000。向來不善理財，儲蓄不多，最恐怖是，我習慣逆來順受，甚少抱怨，亦好易知足。

聽完龔sir的故事，發現自己完全不懂得為自己打算，你可以賺$8,000，儲蓄$10,000，但我就是太容易知足，每月薪金$12,000，儲起$3,000就滿足了。我無投資經驗，由於已到適婚年齡，眼見女朋友的工作壓力很大，很想給她幸福，所以一方面開始積極學習投資，另一方面則盡量減少消費，盡快買樓結婚。

為此，很想龔sir指點迷津，不想再行錯路。聽完你的講座後，我初步就想買股票，先增加資產，因為我儲蓄不多，只有約$18萬至$20萬，女友也跟我差不多。真的不知如何部署？先買細單位上車？抑或先投資？其實我有意明年結婚，但還未有能力成功上車，至於投資股票，收益則比較慢，所以現在很迷惘，思緒比較混亂，希望你能抽空指點一下，謝。

有心絕對是不遲的。首先，你要好好想清楚計劃，但緊記不要太急。很多人投資輸錢的原因，就是因為不知投資為何物，又或是太急進，只懂炒炒賣賣。你很想快速財富增值，但以你的情況（準備建立家庭），心急投資只會造成更差的後果，你最好以平穩增值的前提去投資。

(續下頁 ...)

目前，你有四件事情可以做：

1. 更具體地落實儲錢計劃，加大儲蓄金額，日後若有家庭、有小朋友的話，支出將會好大，所以現時是儲錢的重要時機。你要定明每月儲蓄的金額多少（最好與女友一同儲錢），以及定明多少年要儲多少錢的具體計劃（一定要具體）。

2. 試試發展課堂所講的五條財務自由之路，想想自己適合哪一條，利用工作以外的空閒時間，開發更多收入，因單憑打工的收入是十分有限的。如果你無特別一個強項的話，就用課堂所講的「股樓並行」的方法進行。

3. 你要增強理財知識，無論是多看書，或是不斷上課程，都可助你財富增值，你不是要胡亂聽取坊間炒炒賣賣的消息，而是吸收正確的理財知識。當你擁有知識後，才可透過投資使得財富合理增值，否則的話，便是相當危險的行為。

4. 開始為自己的財富作出適當分配，由於你的資金需要用於中短期內，所以你宜持有大部分現金，即使想以投資股票作為增值工具，也不應超過一半，並且只可投資穩健及收息類股票，例如港鐵（0066）、領展（0823）、金沙（1928）、中銀香港（2388）、中電（0002）、港燈（2638）、煤氣（0003）、香港電訊（6823）、盈富（2800）等。

由於你的本金不多，可投資的數目不大，所以投資所產生的收益，初期不會多，建議你想方法增加額外收入，以及控制支出，盡快累積初期資金，之後「錢搵錢」的效應就會愈來愈明顯。

絕不為自己設限

Q132: 你好，我是一名大學生，之前向你表示過，我想報讀你的股票班，但口袋卻沒錢。

很多謝你的鼓勵我憑自己力量去賺錢，現在我已有能力負擔學費，吸收課堂的價值，這也是我第一次報讀股票班，對股票知識嚴重「營養不良」的我，可能是一次「大進補」。課堂上有筆記嗎？

另外，你現時有哪些著作呢？

龔成老師

《80後百萬富翁》、《80後2百萬富翁》部分書店已斷貨，你可以透過書店訂購。至於《財務自由行》、《大富翁致富藍圖》、《50優質潛力股》、《50穩健收息股》，一般書局都有售，若找不到，問職員就可以。

課堂是有筆記的，如果你對股票認識不足，建議你上完第一堂後，一定要回家溫習，不明白的內容，可在第二堂開始時發問。第二堂將開始講述較為技巧性的內容，之後便會漸漸加深的，所以每次下課後回家溫習，是非常重要的。

很高興你能憑自己的力量賺取學費，努力為自己學習理財致富的知識，我保證你一生受用。

之前聽你所講，由於不夠錢而不報課程，這會令你進入「貧窮循環」的狀態，所以當時我強烈鼓勵你努力賺錢，令你可以吸收知識，當你有知識時，就能賺更多的錢，進入「錢滾錢的循環」。

Q132再問： 成哥，你好，我真的要再一次多謝你，我就是做了馬會售票員及會展兼職工，方發覺賺學費真是沒有想像中哪麼難，衷心謝謝你鼓勵我「逼」自己向著目標進發。

龔成老師

其實無人會知道自己有多大的潛能極限，可能一直只是沉睡中，最重要是，你能否用方法推動自己突破心理關口，發揮內在潛能，之後你就會發覺，問題不是你想像中哪麼困難，原來肯做就一定能夠做到！

請記住，就算起初時能力似是不足，也要為自己定下一個大目標，只要決心追求，一定會有動力不斷要求自己進步，到時就會發現，原來自己能夠做的，比想像更多，最終順利達成目標。

大多數人都會小心翼翼，總要萬事俱備才敢一步步前行，可惜的是，在準備的過程中，未開始就已經因為諸多過慮而中途放棄了。反之，取得成功的人是不會顧慮太多，只要定下目標，就會逼自己踏出第一步，一邊做，一邊調整及進步，最終成功達到最初以為無法做到的目標！

因此，你不要為自己設限，相信自己的潛能，這個所謂的「限制」，只是自己設定，根本不存在。

NOTE

人生為了財富還是甚麼？

Q133: 成兄，我渴望富有，但人生除了追求錢，還有更多、更多。但對於沒有財富的人，應該先追求錢，再追求其他？抑或兩者同時追求？

龔成老師

我認為人一定要追夢，人生絕不是返工、放工，然後直到「老、病、死」。

很多人以為我一生就是追求「財富」，但我真正追求的是「夢想」，只不過有些夢想要財富去實現，所以我在努力追財富時，亦是向著夢想努力進發中。至於一般人是否應先追財富，我會用一個詞語去解釋：

「財務自由」

簡單而言，我們香港人對於財務自由的理解，可説是等同「上岸」的意思，這個比喻其實都幾貼切，即是説，財務未能自由者，如同身在海中，要不停地游，一停止就淹沒於海中。

一般打工仔，就是要持續打工，維持生計，尤其有了家庭負擔後，一旦失業，便立即「手停口停」，一家人的生活都大受影響，所以根本不可能沒工作，這如同不停地在海中浮游，處於未上岸的狀態，更遑論追求甚麼目標和夢想，能夠「上岸」，方有條件去追夢。

然而我再次強調，人生雖説是應該追求夢想，但追夢之前，必須先努力追求財務自由，否則夢想都是空談。當然，無可否認，有些夢想也不一定要財務自由後才能追求，是可以同時追求的。

心動不如行動

Q134: 老師，你好！我讀文科出身，是個中文教師。講起創業，我都好想像你一樣，在自己專業的範疇發展，所以有意專攻補習這個行業，但問題是，現時這個補習市場似是已經「做爛市」一樣。你對這行業有些甚麼看法？

坦白說，我很想顛覆補習界的傳統，老師你怎麼看香港的教育板塊，網上教育有可為嗎？

龔成老師

如果我是你，早已開始做了。新世代接觸網絡多過接觸人，這絕對是一個大趨勢，網上收費模式會漸漸成熟，普及化只是時間問題，你毋須過份擔心成功與否，我建議你用試水溫的形式開始，這對你造成的損失有限，若然成功了，你就可以開展另一番事業。

你可以簡單開始，先拍攝大量教學影片，然後上載於不同的互聯網平台，務求取得「粉絲」的「讚好」，在拍片過程中，你會逐漸摸索到技巧及方向，市場的反應會告訴你的成功與否，所以關鍵是不斷嘗試，不要顧慮，因為就算未如期望的成績，你的損失也很有限。

網上教學平台其實已經發展了一段時間，但由於需求仍大，所以這個市場依然很大。如果你真的想進行這計劃，哪就盡快實行，市場從來不會等人，因為競爭對手都在覬覦這塊肥肉，搶奪市場佔有率。

其實，不少人都有一些好的想法，可惜真正落實執行的人卻不多，我始終相信，「行動」是最重要的一步，就算你的計劃未臻完美，只是一些初步概念和構思，亦不妨勇敢踏出第一步，之後才慢慢調節，最終都會行出一條路，你根本不用因為過份擔心和恐懼窒步，事情往往沒有想像般的困難。加油！期待你的成功！

問答個案篇

第八章：股票組合個案

股票組合個案 1

Q135: 以下組合，你可以給我多一點意見嗎？

178、388、688、700、939、992、1816、1928、2318、2669（我在近年大市較高位時買入，帳面虧蝕10%至20%）

我不打算加入資金，甚至可能會調走資金用作置業（盡量不會調走，只是真的不夠資金時，才作調動），我承認，面對這個股市週期，的確是走錯了步伐，我原本是一動不如一靜，打算靜待市況回升，等到下一個相對熾熱的時間才沽出70%至100%。

如果賣出部分股票，再轉入其他股，你認為這樣可行嗎？又還是應該按兵不動？

持有股票：
0178、0388、0688、0700、0939、0992、1816、1928、2318、2669

NOTE

就你上述的持股來說，大致都不差，只是買入價較高，令帳面出現虧損，但只要企業有質素，長遠價值總會上升，從而帶動股價上升。在組合中，中海物業（2669）、中國海外發展（0688）、騰訊（0700）的風險會略高少少（其實不多），其他的問題不大。

龔成老師

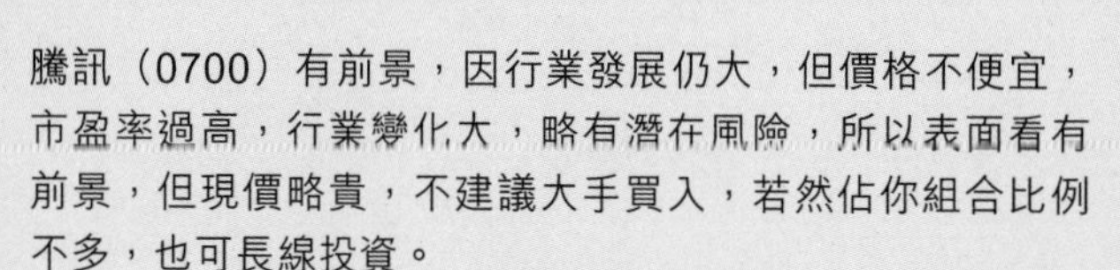

騰訊（0700）有前景，因行業發展仍大，但價格不便宜，市盈率過高，行業變化大，略有潛在風險，所以表面看有前景，但現價略貴，不建議大手買入，若然佔你組合比例不多，也可長線投資。

莎莎（0178）及金沙（1928）之前因自由行旅客減少而有所影響，令行業處於不景期，但兩家企業都是大品牌，有質素，現金流也充裕，有能力應付週期性寒冬期，長遠來說，兩個都屬賺錢的行業，有長期持有的價值。

記住，不要用自己的買入價作為何時沽出的指標，也不要以回本後沽貨作為策略，同時，更加不要抱著「賺了多少就沽貨」這心態去投資。坊間經常用買入價作為何時沽出的標指，這是極度錯誤的，沽出是基於這股已偏貴，又或沒有前景，質素有問題，而絕非由買入價決定。因此，若你分析該企業的前景一般，就可沽出。

另外，由於你有置業的打算，建議多留現金，萬一樓市下跌，也有資金「執平貨」，當然，沒有人知道樓市的升跌情況，雖然我認為香港樓市長期仍會向上，這是由於長遠供應仍然不足，但中短期可以因為種種因素，而出現較大的上落情況，所以始終持有現金，又或只投資股價波動較少的股票，都是較有利，令你較容易套現入市。

股票組合個案 2

Q136: 龔成你好，本人對你的價值投資分析非常認同，客套話不多說。想向你請教一下關於資產配置。本人資產60%為股票（大多是防守性例如0003、0939、3988、87001、0005、2800；另有少量內房1813、1030；「蟹貨」0388）。其餘35%是現金，另5%是股債基金。

請問股票組合還可以嗎？你會否覺得太多現金？如果太多，應該投資甚麼呢？（有打算遲些時間買樓）

持有股票：
0003、0005、0388、0939、1030、1813、2800、3988、87001

你的組合可以維持，但當中的新城發展控股（1030）及合景泰富（1813）都與內地樓市有關，而內地樓市已有過熱情況，因此這兩股佔組合比例不宜太多。

至於其他股票，大致都穩健，滙豐（0005）雖然質素比之前下降，但也不算差，收息可以，但股價增值不要抱有太大期望，內銀股同樣應以收息為主。至於港交所（0388），雖然你帳面有虧損，但由於本身優質，可長線持有，不用擔心。

至於現金，一般20%已足夠，多出的可買流動性較強而又能收息的工具，但你有買樓收租的打算，遂建議你手持多一點現金作首期，基本上，你的情況不用變動。

股票組合個案 3

Q137: 龔成，你好！數月前，我已開始月供股票，每月大約供$11,000，分別是：長和15%、滙豐15%、友邦15%、長建15%、盈富40%。

我的目標是以複利息不斷投資，以製造一個現金流作為退休之用。你認為這個組合可以嗎？滙豐值得繼續持有嗎？本人27歲，打算供款20年。謝謝。

持有股票：
0001、0005、1038、1299、2800

龔成老師

你的組合是不錯的，但若要再好一點，可以加一點中資股，因為你打算以20年為目標，透過月供進行儲股票的計劃，20年後全球經濟較佳的地方，我相信中國是其中之一，雖然增長不及以往，但相信不會太差。你的股票組合當中，只有盈富裡包含中資的成份，不妨再加多一點，例如有20%投資於中資股，相信會更好。

滙豐（0005）雖然近年不佳，但我始終認為仍有優勢，加上股息不錯，可視為組合中金融及收息部分，可以繼續持有，因為你是超長期投資，所以不用太理會短期的股價，以及企業的短期問題。你所選的都是有長期投資價值的股票，策略上是可取的。

建議你每年檢討一次，如果該企業的本質無問題，就可繼續做。當然，這組合是否能助你退休，當中仍有很多變數，但如果日後你收入增加時，最好重新整合資金的分配，再另定投資策略。

股票組合個案 4

Q138: 龔成，你好。本人現時25歲，在考取專業特許秘書Chartered Secretary一職， 還計劃獨力儲蓄用作買樓自住，提升生活水平。

現時我月入$21,500，月頭我會儲起$5,000，全家花費大概$13,000，每月學費$2,000作為不時之需。之前我買了一些股份，全部一手，包括：

- 1430 蘇創燃氣 @ $2.08
- 3968 招商銀行 @ $24
- 0388 港交所 @ $297
- 6886 華泰證券 @ $24.8
- 0097 恒基發展 @ $0.81
- 0178 莎莎國際 @ $3.93
- 0722 聯合醫務 @ $2.2
- 1373 國際家居零售 @ $2.35
- 0130 慕詩國際 @ $2.3

1. 幾乎大部分買入的股票都大幅下跌，部分細價股更不知何年何月才能翻身。我怎樣可以穩陣賺錢呢？是否應該盡快把哪些細價股斬倉呢？經過過去股市的波幅，對於買股票，我真的有點怕，萬一輸了所有積蓄，則慘矣，畢竟我還要養活一家。
2. 本來我儲起的$5,000是存入銀行，但又覺得不是辦法。你認為我對薪金的規劃是否應該改變一下？

持有股票：
0097、0130、0178、0388、0722、1373、1430、3968、6886

龔成老師

細價股也有好壞之分，如果該公司的業務本質穩定，市值不算太細，而且穩健發展業務，這類股票就仍有投資價值。但如果市值低於10億元，生意既不穩健，賺錢能力又弱，過往更從沒派息，股價波動大，不但是市場上的炒賣股，連帶公司內部也加入炒賣，所以這類股絕對不宜沾手。

只要你明白股票的本質是企業，你就知道股票的真正價值，亦不用懼怕股票。最重要是懂得挑選優質企業的股票，長期持有，因企業擁有一定的價值，這與本質欠佳的股票不同，絕不會像哪些有問題的股票隨時暴跌八、九成。

你所買的股票下跌的幅度都很大，幸而當中仍有一些較為具質素的股票，包括：

- 港交所（0388）
- 恒基發展（0097）
- 莎莎國際（0178）
- 慕詩國際（0130）
- 招商銀行（3968）

這幾隻可算是較值得一直繼續持有，因為這些企業的本質不算差，再跌亦有限，甚至翻身機會很大，但部分距離你買入價仍有一段距離，所以要較長時間才有機會上升到買入的價位。至於HTSC（6886）華泰證券，本質雖然不錯，但業務波動，加上你在熱炒期買入，要較有耐性。

以你上述買股的價位，我相信不少都是2015年大時代股市高位時買入的，其實股票並不可怕，可怕的是市場氣氛，市場氣氛最好時，就是最危險的時候。

其實，對大部分投資者來説，用平均入市法是最好的，可能你真的懼怕承受股市風險，哪麼不妨投資盈富基金（2800），因風險不高。我建議你選擇月供的方式。至於個股、以及捕捉買入時機，相信未必太適合你。

股票組合個案 5

Q139: 你好，我是一個很窮困的「80後」，在2015年大時代，我這個完全不認識投資的「中女」，聽了「山埃貼士」，入市買以下幾隻「蟹貨」，已經持有了一段頗長日子，想問還有沒有機會上升？

- （0500）買入價$3.3
- （1089）買入價$2
- （0130）買入價$2
- （0978）買入價$2.4

希望你指導一下我，我覺得一直持貨好有問題！謝謝你！

持有股票：0130、0500、0978、1089

NOTE

龔成老師

只要從企業的本質著手，明白買股票就是買企業，就知應否買入哪隻股票，以及一直持有。發現你手上不少股票的買入價跟現價都有相當距離，雖然部分可以守，但都起碼要等一段較長時間。

先豐服務集團（0500），這企業年年錄得虧損，完全沒有投資價值。

樂遊科技控股（1089），之前不斷虧蝕，近年才開始轉虧為盈，但這股「炒味」較濃，股價波動大，要自行衡量風險，我則認為其投資價值一般。

慕詩國際（0130）， 這股本質僅算是不過不失，雖有賺錢能力，但近年出現虧損，行業面對中短期不景，要有心理準備這一、兩年內都未必會有太大突破。不過，如果有耐性的話，股價有機會會慢慢上升。

招商局置地（0978）本質不算差，可以守。但可惜近年開始出現虧損情況，營業額下跌不少，面對的問題不輕，要好轉的話，相信都是一年後的事，中短期股價可能波動，但要到上升到當時的買入價，並不容易。

其實你的情況，都是不少投資新手會犯的錯，所以並不傻，其實很多人都是這樣，亦是投資新手必然經過的階段，你就當作是交學費好了。

投資新手通常都有兩個主要錯誤，第一、買入當炒股；第二、在市況最旺（即是最多人認為市場好景的時候）以最貴的價位買入。解決方法其實好簡單，就是投資較穩健的股票，又或是盈富基金（2800），分注買入，例如透過月供股票方式，每月買些少，就是較好的策略。

股票組合個案 6

Q140: 你好，龔sir，我是你股票班學生。多謝你的教導及分享，真的學識很多選股技巧及理財投資的概念。自去年讀完你的兩本著作，已經努力儲錢，把四至五成薪金儲起來。暫時每月儲蓄大概$10,000。現已儲了$27萬，自己有個目標，想幾年間能夠儲到$100萬，希望老師指導一下。

我現年27歲，預留四萬元作緊急備用現金後，有$15萬可作投資。現時手上持有四隻股票。分別是：

- 盈富：$20.15 × 2,000股
- 金沙：$25 × 400股
- 建行：$5.12 × 3,000股
- X安碩A50中國：$10.2 × 500股

2800及金沙屬長線，但建行及X安碩A50中國（2823）則是之前小試牛刀，第一次買股票，買入時打算長線，但上課後發現優質度一般，龔sir可否指教一下，我應該如何安排這兩隻股票？謝謝。

持有股票：0939、1928、2800、2823

NOTE

龔成老師

其實你的組合不差，長線持有是可以的。

建行（0939）雖不會被列為很優質的股票，但其質素一點也不差，《50優質潛力股》中，亦有列出其優質度為三分，屬於中等級別，都有投資的價值。不過，當中的壞帳問題要關注，有可能帶來不確定性，但從本質分析，無論是收息還是長線持有，都是可取的。但這股不可預期有快速增長，只能慢慢地增長，同時較著重收息。

X安碩A50中國（2823）就是持有A股，其實質素不差，問題是A股本質性波動，內地人投機味重，中短期的股價難以估計，長遠來説，都可説是向好的，不過，內地股市的市盈率長期處於頗高水平，若要增持，宜用分注買入的策略。

至於其他股票，基本上都無問題，可以長線持為，助你組合平衡增值。

若果你想在幾年間累積$100萬，除了保持每月儲蓄外，投資亦是很重要。首先，你可以做月供股票，將部分資金不斷投入，至於另一部分資金，成為你成功與否的關鍵。你上完課程，已掌握了選股及買賣時機的技巧，之後就是不斷運用。

你要利用課堂所教的方法不斷選股、分析企業，增加你手頭上「可投資名單」，然後就是等機會，在平宜價的時機買入，只要這部分做得好，要在幾年間累積$100萬以上，對你來説並不困難。

股票組合個案 7

Q141: 成哥，看過你的著作，以及你推薦的工具書，獲益不少，自己投資組合亦開始出現長線投資獲利之效，但對於以下的組合一直都有存疑，當中包括收租股和公用股：0823、0778、0808、2638，請你給我些少意見！

因股票版塊較少，怕風險存在大，如果要換股分散風險：

換出0823/0778/0808
換入2388/2800

這方法可取嗎？

我其實並不想持有太多股票，管理四隻股票已很足夠，因為自己半工讀，未能再分配時間報讀成哥課程，只能靠晚上閱讀書籍。希望能給我一點意見，真的很欣賞你的著作，謝謝！

持有股票：0778、0808、0823、2638

NOTE

置富產業信託（0778）、泓富產業信託（0808）、領展（0823）及港燈（2638）都是有一定質素的資產，絕對有長線投資的價值，獨立分析的話，是沒有問題的。但你的組合內，有三隻是與地產相關很大的股票，就會造成集中性的風險。另外，組合中的0778、0808及2638都屬於李嘉誠集團旗下的公司，質素並無問題，但同樣有集中的問題。

解決方法有兩個，如果你現時的股票金額不算太大，哪就不要再增持地產或李先生旗下的股票，之後就增加其他類別的股票，風險便會平衡一點。

另一方法是減持某幾隻股票，0778及0808的相關較大，可以減持其中一隻，換到其他類別的股票。至於0823本身也非常優質，沒有必要換走。中銀香港（2388）及盈富基金（2800）都有持有價值，你可考慮換入，又或利用將來資金增持，令組合得以再平衡。

龔成老師

NOTE

股票組合個案 8

Q142: 您好，成哥！本人持有煤氣、太古、港交所、朗延、中國再保險、中車、港燈、盈富，請問應該如何調整組合？哪隻可以增加？哪隻需要沽出呢？

另外，本人對煤氣最為看好，很想增持，因為每年有十送一，好像有「著數」，可惜息率只得2%左右。麻煩成哥！

持有股票：
0003、0019、0388、1270、1508、1766、2638、2800

組合內都是有質素的股票，不用作出大變動。至於比例方面，沒有集中在某一行業、某單一類別、某單一地區，因此沒有集中風險，組合不用調整。而這組合內的股票，均有長線投資的價值，可一直持有。

煤氣（0003）是不錯的股票，但十送一其實只是財技，對本質並無實則影響，當十送一後，持有股數會增加，但股價會自然調整，所以這不是重點。

我一直都看好煤氣，但看好原因不是十送一，而是企業的本質，早已壟斷了全港的煤氣行業，甚至有產品價格自主能力，是典型的優質股，但近年市盈率常處不低水平，以分注形式增持會較佳。至於現金股息方面，煤氣的確是偏少，所以收息只屬中等，但以長遠增值的角度，這股卻「貴得有道理」。

股票組合個案 9

Q143: 成哥，有樣事情想向你請教。小弟今年24歲，想買樓，積極儲錢，手上大約有$20萬存款。

其中，我買了一手0005（$57.95）、兩手1928（$32.45）、一手0019（$80.35）、四手0670（$3.95），餘下資金$50,000。想問問，我接著下來的投資方向應該如何？尤其東航，我想沽貨。

我已經看完了你親自解説關於理財的所有短片和執筆的著作，我很有信心可以儲到$100萬，這五年內我決定會陸續減少開支，並每日記下支出的日常支出，由現在開始，每月儲起$10,000。另外，港鐵（0066）、比亞迪（1211）和莎莎（0178），以潛力來分析的話，又應該如何安排？希望成哥可以給我啟示。

持有股票：0005、0019、0670、1928

龔成老師

你現時股票的組合，都是質素不差股票，可以繼續持有，但組合內只有四隻股，數量不足，出現集中風險的機會頗高，往後若有新資金，宜增持其他股票。

東航（0670）不是沒有質素，這企業有其優勢的地方，長遠來看，有一定價值，但航空類股票始終有潛在風險，油價因素就是其一。油價波動會為航空企業產生很大的成本變化，最終影響盈利，從而影響股價。就算企業有利用衍生工具作對沖，也不一定成功，國泰（0293）就是一例，因對沖而出現虧損，適得其反。如果你持有東航的佔比不算太多，哪繼續持有都可以。

（續下頁 ...）

一定要保持儲蓄，因為初期資金最重要，這是你五年儲到$100萬的基礎。其次就是投資，近年股市大致都算是處於合理區，最好是以入貨及儲現金並行的策略進行。如果你每月可儲到$10,000，不妨考慮每月投資5,000元，並同時儲備現金，等待機會。

以增值的潛力來説，這三隻股的次序會是：比亞迪（1211）、莎莎（0178）、港鐵（0066），當然，潛力愈高，亦等同風險愈高。以你的年齡，仍可偏向增值，可承受風險的程度仍高，因此1211及0178都可，因為這三隻股票都有質素，同時具有長線投資的價值。

龔成老師

NOTE

股票組合個案 10

Q144: 成兄：你好，我有定期及現金共500萬元，正考慮入貨，但我沒有工作，同時我過往的投資成績不好。以下是我的持股，請問我應如何分配？

持有股票：

0002、0003、0270、0388、0425、0696、0753、0823、1177、1211、1928、2318、2319、2628、6881、6886

由於你沒有工作，所以你一定要留有現金作備用，但我仍未知你具體的背景情況，相信預留$100萬是基本的。

由於你投資技巧不足，加上你沒有工作，宜以創造每月收入視為投資的其中一個目的。在分配財富組合中，你應該偏向收息類，股價波動較少，股息較多，佔股票組合佔一半，例如0002、0003、0006、0011、0270、0435、0778、0737、2638、6823。

至於你所持有的股票組合，多數的質素都不算差，大致可以保持。但在分配上，宜調整到收息股佔過半比例，這從穩健及現金流角度都是可取的。其實以你的情況，盈富基金（2800）都是適合你的，當中包含50隻股票，已能基本分散，你可在組合中持有盈富，基於投資技巧與眼光略遜，未必有捕捉入市價位的能力，所以宜用分段買入的策略，令價格平均。

強烈建議你先學習理財知識，無論多看參考書籍抑或報讀相關課程都可以（不一定讀我教授的課程），你本身已擁有一定財富，若投資策略不當而損手的話，你原本的生活水平一定會受到影響。因此，你必須學習正確理財知識，當你懂得自行將財富作更好的配置，在平衡風險前提下，就能助你財富增值及提升每月現金流。

股票組合個案 11

Q145: 老師，你好，想問一下，我以下的組合應該如何分配呢？現在組合：2318 (24%)、0700 (17%)、0688 (13%)、3135 (11%)、1398 (11%)、1800 (8%)、0135 (7%)、1211 (6%)。

我現在24歲，主力想買增長股。

持有股票：
0135、0688、0700、1211、1398、1800、2318、3135

其實大致問題不大，騰訊控股（0700）存在不確定性，既有潛在風險，但卻有前景，只要佔你的股票組合比例不過高的話，繼續持有是沒有問題的。然而並不建議你增持。至於比亞迪（1211），同樣是潛力股，股價會較為波動，但長遠的發展可以很大，持有沒有問題的。看你上述組合的比例，已經相當不錯。

龔成老師

至於其他股票，基本上都有平穩增值的條件。F南方東英原油（3135）追蹤紐約商品交易所買賣的西德克薩斯中質原油期貨（WTI）合約，雖然存在風險，但佔你投資組合不多，可以持有，但不建議增持。如果你追求較大的增值，平安（2318）、工行（1398）未必符合你要求，因為兩者都進入了較平穩的週期，未必有較大增長，特別是工行，只能收息。

假如你可承受風險，不妨調整至較高增長的類別，例如在《50值博倍升股》一書，當中所講的潛力股，便有這類別的股票的相關分析。

股票組合個案 12

Q146: 成哥：你好，小弟今年30歲，已經買了11年股票，可是都一直「輸」，就是因為錯信了哪些所謂股評家，幸而最近發現你的文章很實用，有了新的概念，請你評價一下安踏（2020）、恒騰網絡（0136）、中國聯塑（2128）、信義光能（0968）及中國銀河（6881）這五隻股，你會怎樣排名？請多多指教。

另外，我亦買了創維（0751），現在派息以股代息，也可以選擇以現金代息，其實應該怎樣選擇呢？因為不懂，亦沒有試過，以前都是快買快賣的。

持有股票：0136、0751、0968、2128、2020、6881

如果買了多年股票都仍是「輸」的話，足以證明存在一些核心問題，譬如是一些錯誤的投資觀念。記住，正確與正常是兩回事，多人採用的方法並不一定是正確方法。

首先，股票是企業，你要分析企業的本業去投資股票，買股票也不是賺差價，是享受企業長期成長及產生的股息，往後你以「長線投資優質股」作為投資目標，我肯定你會結束過往多年的虧損紀錄。以下分析是從企業本質出發，以長期角度去分析，倘若你買入時以短炒投機作策略，就不適用。

- 恒騰網絡（0136）：股價波動，風險較高，長線價值成疑。
- 信義光能（0968）：處高增長，有投資價值，但略有風險。

（續下頁 ...）

- 安踏體育（2020）：生意保持增長，有賺錢能力，質素不差。
- 中國聯塑（2128）：業務有增長，不過不失。
- 中國銀河（6881）：本質不錯，但業務波動，風險較高。

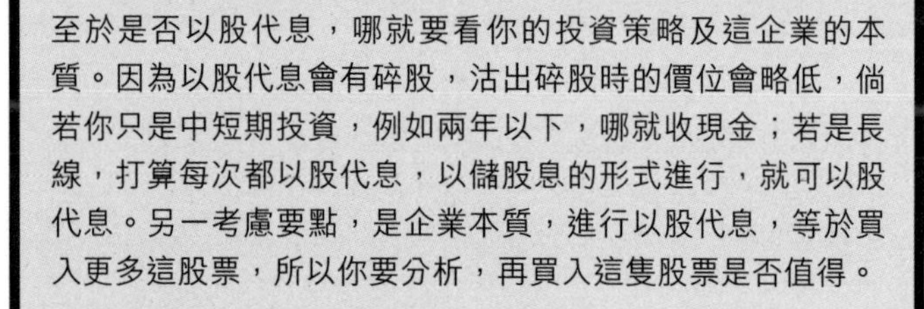

至於是否以股代息，哪就要看你的投資策略及這企業的本質。因為以股代息會有碎股，沽出碎股時的價位會略低，倘若你只是中短期投資，例如兩年以下，哪就收現金；若是長線，打算每次都以股代息，以儲股息的形式進行，就可以股代息。另一考慮要點，是企業本質，進行以股代息，等於買入更多這股票，所以你要分析，再買入這隻股票是否值得。

NOTE

股票組合個案 13

Q147: 哈囉，龔Sir！請問以下股票組合有些甚麼股票需要減持嗎？我看中線，可以持有半年。感謝您！

0257、0611、0729、0809
1171、1163、1668、1958
2186、2357

持有股票：
0257、0611、0729、0809、1171、1163、1668、1958、2186、2357

龔成老師

坦白講，你所買的股票投機味重，不少都沒太大的投資價值，中國核能科技（0611）、五龍電動車（0729）、大成生化科技（0809）及德金資源（1163）（已除牌）都是質素不佳的股票，賺錢能力低，企業大多都處於虧損水平，沒有長線投資的價值。

當然，這些企業可能是有潛力的企業，如果企業由沒盈利到有盈利的一天，肯定會帶動股價大升，不過，從過往的經驗中，大部分這些企業都是失敗收場的，所以長線投資的話，我對這些企業是有所保留的。

這類股票的股價波動會好大，你要有心理準備。另外，在我們的財富組合分配中，的確會分配一部分到潛力股中，但一定要選有質素的，同時在資金分配上，不會佔組合比重太多，但你10隻股票中，就有5隻這類投機股，風險的確較高。

做財富分配，是想財富在平衡風險情況下合理增值，而不是以博殺心態進行。

股票組合個案 14

Q148: 成哥，看完你著作後，了解到長線投資可取之處，想開始月供股票。因為短線「輸」很多錢。本人39歲了，每月只能儲$20,000，另有$28萬現金，以及持有：

長實$66入了1,500股、建行$5.8入了5,000股、中國信達$2.9入了8,000股及$3.8入了7,000股；長地及中國信達應該持有還是止蝕？現時我並不急於用錢。

另外，我想月供股票，滙豐可以嗎？我計劃長供不放，收息做現金流，你認為兩萬元儲蓄當中，應該月供多少？

持有股票：0939、1113、1359

NOTE

股票組合中，繼續持有與否，關鍵是這股的「優質程度」，而不是「買入價」。雖然坊間「專家」都以買入價去判斷應否止蝕，但這些「專家」的觀念是極度錯誤的。

長實（1113）有一定的質素，買入價都不算太高，不用擔心，有長期持有的價值。而建行（0939）亦有質素，可長線持有。

中國信達（1359）是中國的金融企業。業務包括不良資產經營、投資及資產管理、金融服務等，過去生意與盈利都有上升，股本回報率不差，整體質素也不弱。但要留意，這企業的業務本質風險高，中國的壞帳、問題企業、毒資產等等，統統都是風險，萬一中國經濟及金融稍為出現較大的波動，都會即時對企業造成很大的影響，因此股價向來較為波動。考慮整體質素及風險後，投資價值算是中等，如果佔總投資組合不多，算是勉強可持有。

以你的年齡，承受風險程度為中等，$20,000元之中，一半用於月供股票仍可，但要分散，最好有其中一半供盈富基金（2800），以分散風險。至於其餘的，供優質股就可以，滙豐（0005）及長地（1113）都有質素，可月供。

但匯豐的增長能力，已經比過往年代減弱，過往銀行是很好賺的行業，但到了近10年，銀行業的賺錢能力已比從前減少，加上久不久都有政府的大額罰款，同時國際金融的複雜程度比以前增加，都令銀行面對的風險提高。

所以，不要對匯豐有太大期望，這股可以作長期收息，但股價只能平穩，你要明白這點。

股票組合個案 15

Q149: 你好，小弟很不幸地於大時代高位買了股票，偏偏股票下跌的哪個多星期，卻身在外地，錯過沽貨時機，現價仍有不少虧損，請問我應否沽出哪些股票？

當中我發現一些股票基本質素甚佳，但有部分則變差了，請問我應待股價上升，還是衡量一下，全沽出劣質股票？

以下是想保留的股票及當時的買入價：

- （0460）$4.75，如果沽出，我蝕幾萬元，但不沽的話，就要等回升至買入價；
- （0493）$1.65，見轉型，開始走電商路線，傾向持有；
- （1776）$24.2，見基本質素好，想保留；
- （6886）$25，見基本質素好，想保留；
- （3898）$51，雖是鐵路股，但見基本質素不差，想增持。

另外，想沽出的劣質股票如下：

- （0753）$8.33，行業競爭大；
- （1766）$16，當時炒合併概念，結果「炒車」，所以想「斬」；
- （2866）$3.4，當時炒合併概念，結果又是「炒船」，所以都是想「斬」；
- （3777）$2.5，幸好停牌前沽出大部份，只剩下碎股。

以上的簡單分析，對嗎？哪些仍想保留的股票，如果入貨「撈淡」會是一個好選擇嗎？知道龔成先生事忙，但仍希望可給小弟少許意見，謝！等待你新書出版，小弟定必再次支持！

持有股票：
0460、0493、0753、1766、1776、2866、3777、3898、6886

龔成老師

首先，持有與否的關鍵因素，一定是企業的「本質與前景」，至於買入價多少，能否返到「家鄉」，並非核心因素，而是心理因素，不要被心理因素牽引。基本上，從你的表述，已大致掌握有關的概念，但有一點，需要搞清楚，哪就是值得留下的股票，必然是有質素企業，而優質度是企業的本身，並不是中短期股價，這點一定要注意。

- 四環醫藥（0460）：之前公司有問題而曾經一度停牌，企業不算有質素；
- 國美電器（0493）：質素中等，但暫時增長有限；
- 中國國航（0753）：質素不過不失，但業務波動，都算可以持有；
- 中國中車（1766）：本質不算差，可惜大時代「炒」得太高；
- 廣發証券（1776）：不過不失，證券股股價波動，同樣地，在大時代「炒」得太高；
- 中遠海發（2866）：質素不佳，轉型要長時期才見效，而且當中風險高；
- 中國光纖（3777）：質素不佳，近年更停牌，若復牌賣出較好；
- 中車時代電氣（3898）：本質不算差，同樣是在大時代「炒」得太高；
- HTSC（6886）：情況與廣發証券（1776）類似。

對於你想加注在保留的股票，從而令平均價減低，這是很差的策略，因為這樣會增大整體投資金額，等於增加風險，小心你被心理因素牽引，我反而認為尋找其他優質股更好。另外，發現你所買的股票，大多是當時大時代的熱炒股，記住，買股票一定要買優質股，不宜買熱炒股，尤其已「炒高」的股，分析的重點不能單靠當時的市場概念，反而企業質素與核心前景才是首要考慮因素。

NOTE

問答個案篇

第九章：理財個案分析

欠債個案翻身法

Q150: 是這樣的！我之前瘋狂消費，結果欠下銀行好多卡數，但現在已經「洗心革面」，不敢重蹈覆轍，正一步步清還。想問問，我還有甚麼方法可以一邊還卡數，一邊儲錢？同時，有甚麼方法可以在還清卡數之後賺到第一桶金？

我扣除所有開支，每個月清還卡數之後都沒餘錢了，在未來一年內都要還款，現在我真的很苦惱！

背景重點：	理財目標：
• 欠下不少卡數 • 一年內都要清還 • 每月沒有餘錢剩下	• 還錢同時能累積財富

以你的情況，基本上可以有三個方法：

1. 因為一年時間不算太久，不如把握這段時間先提升理財投資知識，等遲些有餘錢可以開始儲蓄時，再配合投資技巧，進行合理的財富增值，效果會更好。

2. 可以考慮做兼職，增加收入，就可以有餘錢剩下來。

3. 無本創業，細心想清楚，自己有些甚麼興趣或強項可以作為生財工具？從小生意開始，説不定有機會發展成為事業。

龔成老師

Q150再問： 多謝你回覆。其實我都有做兼職，亦算是無本創業，但不是每個月都有收入，屬於不穩定的副業。我上個星期買了你的著作，還在閱讀中，但發覺不是所有內容都適合自己。

我做文職，屬五天工作，放公眾假期，你覺得我應該再找兼職，還是繼續專注副業？又抑或是兩樣都做。如果我今年開始儲錢，有望一年內儲到$10萬。如果有了這$10萬，我應該如何運用這筆錢投資呢？

龔成老師

你不妨發掘多一些不同途徑的無本創業，書本內容只是引導讀者思考，但我相信你一定能夠找出適合你的賺錢方案。另外，你不要太著重當時的情況，反而要從長遠的發展方向思考，無論是前途、能力，抑或財富，譬如說：

1. 創業，雖然現在賺不到錢，但營運一段日子後，成功累積客源、合作夥伴，收穫可以很大；
2. 兼職，雖然即時賺錢，但對自己個人的提升，或未來發展沒有任何幫助。

除非選擇的兼職可以賺很多錢，否則的話，必然是選擇創業。當然，你最清楚哪一個選擇對自己是最好的，但我認為如果有興趣做生意的話，應該嘗試創業，開拓個人新事業，不一定實體的，現時流行網上營銷，也是商機。然而，要是沒興趣創業的話，就專注副業吧，對你將來發展也一定有幫助。

如果你沒投資知識，哪只適合投資較穩建的低風險的工具，例如收息股、盈富基金（2800）等。但其實你可利用這一年時間，從書本及課堂中好好學習，提升理財知識，肯定讓你將終生受用，之後你就能夠為自己好好地理財。

年輕人計劃退休

Q151：成哥，你好，我是投資新手，我讀完你第一本書之後，便開始投資。我和另一半每月儲$9,000作投資，現在我有月供盈富基金（約$4,500），餘下的$4,500，我應該怎樣分配？

我應否買年金計劃作為退休後每月的定額收入，小弟今年25歲，聽聞年金愈早供，便愈好，所以我想每月供$2,500左右。

其實，我一直留意港燈，因息率吸引，但若是我買了年金，每月就只有$2,000，便不夠錢買。我想盡早為未來退休作打算，現階段並無其他目標。成哥，希望可以給我一些意見。

另外，如果我月供$3,000港燈，是否很不智呢？因為港燈一手約$3,000，我不知道港燈會否再升？

背景重點：	理財目標：
• 25歲 • 投資新手 • 每月可儲$9,000 • 已進行月供盈富	• 應否開始為退休做準備

NOTE

盡早定下退休計劃是相當好的，因為這可利用複利息最大的威力，年金你要了解當中滾存的複息回報有多少，如果太少，就未必值得。另外，你亦要注意流動性，一定要了解清楚，如果中途贖回，當中有甚麼限制？資金會被鎖定多少年？因為在你未來日子中，或者需要動用這些錢，所以一定要先了解。

買年金與否，其實是視乎你的需要，因為退休前仍有很多理財目標，例如結婚、買樓、子女開支等，所以要立體分析。根據你的分配，即一半盈富，一半較低風險的產品，是可以的，若你有較大承受風險的能力，提高風險都可以，因為你仍年輕，仍有「守」的時間，不過你是投資新手，所以現時這分配已可以。

月供與否的其中一個要考慮的是手續費，你可以計算一下，每三個月入一次，相比起月供，兩者之間，哪方手續費便宜？如果差不多，就選月供。因為港燈的股價不太波動，所以月供與數月入一次的分別不大。

港燈的升幅有限，目的只為收息，雖然已進入加息期，收息股可能受壓，但我不建議等股價跌才買入的策略，因為好難估計，反而用月供或分段買入的策略，已具有平衡的作用。

NOTE

債券基金槓杆利弊

Q152: 成哥，你好！我最近被銀行游說買債券基金，想請教，此基金波幅低，就算2008年海嘯都只是跌了20%，銀行向我建議可以做槓桿。

購買$250萬債券基金，本金$100萬，借$150萬，借貸利息約2%，槓桿後回報約10%。債券價格大約下跌18%才需要補倉。似乎很穩陣，你怎麼看？我打算買入，買之前，想聽聽你的看法。

背景重點：	理財目標：
• 想以本金$100萬買債券基金 • 有槓杆成分 • 借貸利率2% • 回報10%	• 應否買入債券基金

NOTE

每次危機都有不同範疇的影響，以金融海嘯下定論，不一定適合，因為不能作重覆性的推論，當時亦沒有很大的債券危機。反而如果債券市場出現危機，利率急升等情況出現，可能會出現針對債券的不利情況。我認為債券基金的風險程度中等，雖然不是高風險的產品，但重點是，這絕對不是保本穩健的產品。請記住，債券基金有四大風險不能忽視。

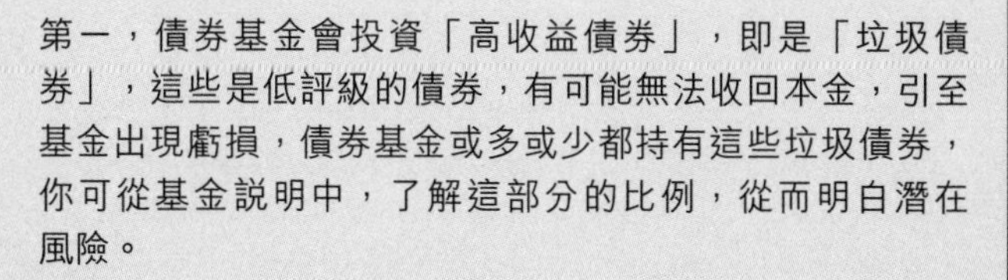

第一，債券基金會投資「高收益債券」，即是「垃圾債券」，這些是低評級的債券，有可能無法收回本金，引至基金出現虧損，債券基金或多或少都持有這些垃圾債券，你可從基金説明中，了解這部分的比例，從而明白潛在風險。

第二，不少債券基金並非單純地持有債券，而是買賣債券。較低風險的基金，只會持有債券收息，到期收本，原理很穩陣，但現時不少債券基金，並不是以「持有」作策略，而是以「買賣」作策略，買賣就會有賺蝕，從而影響基金表現。

第三，不少債券基金都會利用衍生工具作對沖等策略，從而減少基金的成本，以及放大回報，市況好景時當然無問題，但當逆轉或有危機出現時，投資者就要承受損失。

第四，銀行往往會提供借貸及基金投資者，以槓杆去放大回報，以平息借貸去賺取息差。低息環境時，當然問題不大，但進入加息週期，不只借貸成本增加，同時債券價格在加息期一般都會下跌，在雙重打擊下，投資價值成疑。

我不是説債券基金的風險高，其實，其風險程度只屬中等，加上借貸利率只是2%，借低息買高息是創富的技巧，問題是這產品有利有弊，借貸投資亦是有利有弊，上述的重點，在於帶出債券基金並不是穩健收息的產品，你需要考慮上述風險，評估這債券基金可接受的程度後，就可以進行。

設定合理的上車計劃

Q153: 我有$20萬儲蓄，$10萬已投資在人民幣和銀行股，月入$2.5萬，每月個人開支和家用至少$10,000，我的目標是買一間約$300萬的私樓。

你有沒有甚麼儲蓄和投資計劃的建議？年期愈短愈好，其實想快點有回報。

背景重點：	理財目標：
• 20萬元儲蓄 • 月入$25,000 • 開支$10,000 • 想有快速回報	• 買一間$300萬私樓

NOTE

短線投資不是好的投資，散戶太急做短炒，失去投資方向，並不是正確的投資，以往曾目睹太多失敗個案，如果你的資金是中短期有用，哪不宜承受太高的風險，故只能投資回報較低的工具。

龔成老師

以你的情況，每年應儲到$10萬至$20萬，其實已是不錯的資金，由於只投資較低回報的項目，故只建議買入偏向收息類的股票，例如房託、內銀、港燈（2638）、香港電訊（6823）等，都是不錯的選擇。同時，建議你用分段吸納的策略買入，每月只投資一部分。同時，我亦不建議將所有資金買股票，不妨考慮把另一部分資金購買年期較低及回報較低的產品，可能有更合適的選擇。

如果你願意投資較長時間，哪就投資優質的藍籌股，假如不懂選擇，就買盈富基金（2800），每月分段吸納，以一個三年期的投資來説，相信會有一定的回報。

以這個儲蓄的速度，你數年內大約儲到$40萬，已足夠$300萬私樓的首期，雖然沒有人會知道到時的樓價多少，但擁有資金才能把握機會，你只需要保持上述的儲蓄計劃，然後間歇地四出找地產「睇樓」，了解樓市資訊，再因應市況，看準適當時機「上車」。

NOTE

一層自住一層收租

Q154: 龔成，你好，讀了你的著作後，獲益良多，多謝你無私分享。

我26歲，月入約$20,000，可儲$12,000，現金約有$50萬。男友28歲，月入$65,000元，現金連股票資產約$100萬。

我們現時分別跟家人同住，打算幾年後結婚，明白金錢只會不斷貶值，所以想入市買樓。

以我們現時的狀況，如果入市買兩個細價單位（例如沙田第一城，預算金額約500萬元），一自住，一收租，可行嗎？但這樣的話，就會沒有了流動現金。你認為還是先買一個單位，保留部分備用現金投資股票？待增加本金後，再入市？

背景重點：	理財目標：
• 26歲 • 月入$20,000 • 現金$50萬 • 男友月入$65,000，資產$100萬 • 未有物業	• 兩人有兩個細價單位

NOTE

正如我在《財務自由行》一書所說，現金不斷貶值，資產不斷升值，所以愈早持有資產愈有利。

物業是資產項，但在同一經濟週期，一下子同時投資兩個物業，未必是上佳策略，因為會出現週期性的集中風險，正如你看書中的例子，以每八年時間買一個物業，就是平衡風險的策略。這例子就是以股樓作為平衡策略，因為「優質股」和「物業」都是資產項，可以長線持有。

因此，你可先評估，倘若日後打算透過「儲蓄物業」，兩人一起累積物業資產，目標是擁有多少個物業呢？然後，再以平均的模式，每隔幾年就入市，這樣的話，將有助平衡風險。

你們可進行一個「進可攻，退可守」的策略，先投資一個物業，作放租之用，然後保持累積股票資產，務求做到儲蓄與增值，直到數年後（假設是五年），資金就會更為充裕，到時才投資另一物業，哪麼，就不會集中在同一週期投資樓市，減少風險。倘若投資第一個物業後，樓市大跌，你可把握機會入市；要是樓市大升，起碼都有一個物業在手，婚後自住。至於財富增值，則需運用其他工具。

NOTE

是否買居屋的決擇

Q155: 龔成你好。本人30歲，月入約兩萬元，與家人同住。一直沒有儲蓄，因看完你的文章後，於去年才開始月供$4,000股票。

現在家人提議借$40萬給我，用作購買居屋首期。

請問若單純以投資角度來看，居屋是否值得購入呢？還是將供樓的金錢全數拿去投資股票？希望能給予指引。謝謝。

背景重點：	理財目標：
• 30歲 • 月入$20,000 • 沒有儲蓄 • 去年才開始月供股票	• 買居屋還是買股票？

龔成老師

從投資角度，居屋並不是好的選擇，樓市在近年處於較高水平，雖然我認為樓市長期向上，但在比較價值與價格的偏離角度，以及長遠的回報率計，股市比樓市較為吸引。

不過，居屋作為自住樓，也算是一個不錯的選擇。其實你計算一下往後30年內的現金流，居屋的確是較為有利的。所以，視乎你有沒有實際需要，倘若你日後因結婚或其他原因而有住屋需要，這無疑是一個適合的決定。但若是純粹投資的角度，我對居屋則有所保留。

另外，如果你投資經驗不多，將太多資金投入股市，對你來說，未必有利，因為股市存在很多難以估量的變數，波動大，以你現時的狀況，每月繼續供$4,000股票之同時，不斷吸收投資知識，相信是較佳的了。

投資股票儲首期

Q156: 成哥，有問題要向你請教。本人25歲，公務員，月入$20,000，今年開始每個月儲蓄$10,000，已儲了$3萬。我希望五年後能夠儲$60萬，看看能否有機會做九成按揭上車？

1. 我想問，在這五年內，我應該穩穩陣陣儲起$60萬？抑或是做些投資？但買股票的話，我又擔心把辛辛勞苦儲的積蓄輸掉，因為之前都曾經虧蝕過幾萬元。
2. 如果買股票，有些甚麼穩陣的股票可介紹？我覺得領展發展前景似乎不錯，但目前價位卻偏高，可高追嗎？
3. 如果決定買股票，幾時入市？我手上僅有$30,000積蓄，是不是再儲多一點「彈藥」，再作打算？又還是再稍等一下，瞄準時機，不需要過急入市？因為我發現很多實力股都處於高位。

背景重點：	理財目標：
• 25歲 • 月入$20,000 • 每月儲蓄$10,000 • 持有現金$30,000	• 五年後儲夠$60萬

由於這筆錢在五年後有實際的用途，加上覺得你能承受的風險不大，因此宜以保本加增值為策略的重點。首先，你保持每月儲蓄$10,000，至於手上的$30,000儲蓄，應該留作備用。

根據近年的市況，以及你個人的情況而言，你每月儲得的$10,000，其中$5,000留現金，暫時不要運用；餘下的

（續下頁...）

$5,000，可作月供股票之用，每月持續供款，這樣就不用擔心一次過在高位入市，就算五年後股價沒升跌，都會因股價之間的波幅而借助月供股票的原理，結果都是增值的；另外再加派息，每年便會有一定的回報。所以幾年後，財富都必定增值。

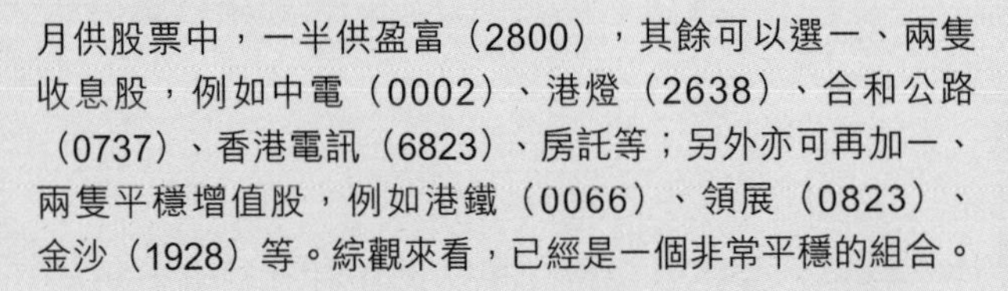

月供股票中，一半供盈富（2800），其餘可以選一、兩隻收息股，例如中電（0002）、港燈（2638）、合和公路（0737）、香港電訊（6823）、房託等；另外亦可再加一、兩隻平穩增值股，例如港鐵（0066）、領展（0823）、金沙（1928）等。綜觀來看，已經是一個非常平穩的組合。

在你一直進行財富累積時，可以同時觀察樓市，因為誰知何時樓價下跌，由於你持有的都是流動性強的資產，要套現十分容易，只要你資金足夠，又遇到適當的買樓時機，就可以入市，就算當時未有自住需要，也可先買樓放租，到有需要才收回物業自住。

NOTE

提早還錢的決擇

Q157: 龔成Sir，你好！本人最近開始留意你的Facebook！對你的理財方式感到興趣！有關投資方面的問題，想向你請教！萬分感激！

背景：

本人34歲，已婚，育有一名四歲女兒，與家人及外傭合共四人同住大埔區一個居屋單位。男戶主月薪$30,000，女戶主月薪$20,000。

資產：

- 在2013年以$300萬買入單位，$100萬首期，月供$8,500
- 持有$35萬股票
- 擁有$65萬備用現金

我的考慮方案：

【方案一】想把$50萬清還部分銀行按揭，原本月供8,500元，減少為月供$6,500，縮減支出，以避免日後加息時，增加供款。

【方案二】等待工商銀行股價大跌，用$100萬買入，收息，到價位升到買入價的一倍時，一次過全數沽出，用來清還銀行按揭，贖樓！

以上方法哪個較為理想呢？又或者，你有些甚麼好建議？再多買一個物業，好嗎？

背景重點：	理財目標：
• 34歲，已婚，有一名四歲女兒 • 男月薪$30,000，女月薪$21,000 • 現住居屋，2013年以$300萬買入 • $100萬首期，月供$8,500 • 現擁$100萬現金及股票	• 如何優化財富結構

龔成老師

由於樓市都有一個頗長的週期，因此，不宜在太短時間再入市買樓，例如1997、1998年期間，樓市下跌，足足有五、六年時間都處於低位，如果以此作為指標，除非本身有很多資產，否則最好買樓時期是相距六年，以達至平均的效果。

再者，近年樓市處較高水平，如果想再多買一個物業的話，我認為不用太心急。當然，如果樓市明顯回落，而你又看中哪個物業，亦不妨買入，否則的話，其實不用心急。物業雖是好資產，但以近年市況來説，你既然本身已有自住物業，根本不用太刻意再買入收租樓，應該採用「樓市跌就入市，不跌就投資其他工具」作為策略。

目前，現有資產可作投資之用，因年期不會長，建議選中低風險的工具，例如盈富基金或收息股都可，有收息作用、流動性強。不過，市場始終波動，宜分注買入，多留現金。

在兩個方案之中，方案一的風險較少，亦較合理可行。

從理財的角度，不宜作出方案二的情況。首先，絕不建議將大部分資金集中在銀行股，如果只集中在一隻股票，風險就更高。我不是説工行一定不會大跌後飆升一倍，但誰敢保證呢？在這大前提下，根本難以做出合理可行的策略。

買股票其實很難有確實的目標價，事實亦不容易推算，所以期望升到某個價位就放，基本上無法做到，方案二明顯是絕不可行的策略。

我反而建議保持現狀，不用提早清還按揭，將$100萬中的六至八成作較穩健的投資，只用部分買入低風險的股票，一邊觀察市況，一邊留意利息高低，因為現時的按揭利率不高，就算不還錢，都不會有大問題，因為投資所得的回報，比起你還錢的成本大，所以寧願將資金投資穩健工具，相信回報更可觀。

物業升值加按創富

Q158: 龔先生，你好，小妹30多歲，擁有一自住物業，2009年買入，餘下約$100萬按揭供款。請問可否因樓價升值而加按投資？如果把加按後套現的100多萬元現金用作股票投資，哪一類股票較合適？請指教！感激！

背景重點：	理財目標：
• 30歲 • 有一自住物業 • 2009年買入，仍有$100萬按揭 • 若加按可套現$100萬	• 加按投資股票

龔成老師

以你年齡可承受的風險程度，加上現時仍處低息期，加按是沒有問題的。但如果加按得來的資金不多，哪就不值得了，但以你目前的情況，在2009年樓價較低位時買入，物業升值已是倍計以上，相信加按套現所得的金額也不少。

關鍵是加按後，將資金買入其他資產，創造更高的回報，由於加按是要支付利息的，所以新資產產生的利息回報一定要比加按的利率高，這樣才值得做，最好有比較明顯的息差回報，這樣才能抵銷加按後，加大負債為你所帶來的風險。

因此，你加按前，最好先計劃如何分配新資金，如何平衡風險，怎樣說服自己獲得理想的回報，即是有充分的理由，而非為加按而按。

若是投資於股市，相信中低風險會較合適，公用股、內銀股、收息股、房託等，都可考慮，策略為長期的增值及收息，期望股息回報大於加按利息，這樣就值得做。但絕不建議炒賣等方式投入股市。

加按增值的策略

Q159: 成兄，我手頭上只有$80萬可投資現金，現時我自住的哪個物業單位的買入價是$322萬，付了$100萬首期，尚欠銀行$210萬，現升值至$450萬，我想加按套現，將資金買收息股，到股價大升後賣出，再買另一層收租，請問這個方法會有風險嗎？

背景重點：	理財目標：
• 擁$80萬現金 • 擁有物業值$450萬 • 物業於$322萬買入 • 首期$100萬，仍欠按揭$210萬	• 加按投資，增值後，再買另一物業

龔成老師

我相信無人能夠預計股價有多少升幅，所以當一個人只一心想著回報而從沒評估風險問題的話，就會很危險。記住，投資充滿變數，股市會變、樓市會變、利率會變，全都是現實。

適當運用加按，雖然可以提升你的資產及月現金流，但同時亦會增加風險。以你的情況，加按後投資收息股是可以的，但要有適當的分散。至於能否大升後沽出，哪就要有一定的選股技巧，加上市場配合，但問題是收息股較難做到。

因此，矛盾便出現了，一方面，加按套現的資金，投資風險不宜太大，但如果不這樣做，就難以產生明顯的回報。不過，我始終認為投資理財，還是要以低風險為前提下，爭取回報，所以你可將部分資金投資在收息股，部分投資於穩健增值股。如果到時市況配合，股價有一定的升幅（未必一定大升），而樓市又出現回落，就是入市買收租樓的大好機會。

（續下頁 ...）

當然，你所講的方法，並不是完全不可能，但我想你明白當中的風險，以及難度。

首先，你要有一定的投資技巧，無論在選股，企業估值、把握投資時機、物業投資上，未掌握這些技巧前不建議做。另外，加按套出現金要有時機，不能隨便去做，當股市出現明顯的下跌、處恐慌期，而優質股都處於平宜區時，你就可以用這一招。

因此，加按買股如同你的秘密武器，不能隨便用，但當明顯機會出現時，若你已有一定的投資知識，就可以用。到時，就未必投資收息股，而是投資平宜的優質股，這樣會令你的財富明顯增加，到股市回復正常後，賣出股票再投資多一層物業，可以令你財富有最大的增值。

NOTE

20年擁有3個物業

Q160: 我現年28歲，早幾年成功上車，樓價$360萬，做九成按，每月供$10,000，手持現金$10萬，收入大概$20,000，我想開始投資股票，財富增值，有甚麼方法？我的長遠目標，就是想擁有三個物業。

背景重點：	理財目標：
• 28歲 • 物業以$360萬買入 • 每月供$10,000 • 收入$20,000 • 擁有現金$10萬	• 長遠擁有三個物業

NOTE

龔成老師

以你的年齡及目前狀況來說，只要有計劃地執行，絕對可以做到。先講大方向。每月可投資的金額起碼要$10,000，目標是投資10%至15%回報的投資工具，這是透過物業以外的增值工具，先創造更多財富，再追求物業。其實，市場有很多接近這回報率的優質股，由於你不懂選擇優質股，我建議可先從盈富基金（2800）著手，雖然回報略減，但不失為其中一個方法。

另外，由於你未必能掌握買賣時機，建議你以月供的形式開始，並同步提升你個人的投資知識，要懂尋找高回報的優質股，也要懂得看準買賣時機，相信一定能令你的回報大幅提高。就算簡單地月供盈富，每月$10,000，一年也有$12萬，加上合理的增值，七至十年內，你便能夠擁有$100萬至$150萬的流動資產，雖然無法預計日後的樓市政策，但你手上已擁有這筆資金，加上第一層樓已供了一段日子，要買第二層樓已非難事。

成功買入第二層樓後，就擁有收租物業，租金減供樓，就會有正現金流，這時的月現金流會增加，每月可投資的總數也會增加，在買入第三層樓前，再利用投資工具合理增值，滾出第三層樓首期的時間，一定會比第二層樓快。當數年後擁有足夠資金，就可購入第三樓層，達成你一生擁有三層樓的目標。

整個計劃大約可在15至20年內完成，期間，主要透過股樓的配置，前者增值快，流動性強；後者可以借貸套現，作為現金流。更重要是，兩者各有不同的週期，只要互相配合滾存，便可在平衡風險下，高效增值財富。

適當利用按揭

Q161: 你好，我之前買你了兩本書，已讀了一半，現有問題想向你請教。

本人一家三口，2015年5月把三房單位賣掉，同年7月以$543萬買入兩房單位，按揭$100萬，10年分期，月供$9,200。本人工資$16,000左右，約有現金$10萬。另外，在2015年6月股市高峰位期間買入以下股票：

- 中國信達（1359）：$3.608買入，20萬股
- 復星國際（0656）：$15.98買入，15萬股
- 中海油（0883）：$9.72買入，20萬股
- 中華煤氣（0003）：$12.98買入，88,000股

我本來的計劃是，趁油價大跌，以物業做了$100萬的按揭，再將$100萬買入中海油（0883），每年派發的利息足夠供樓了，哪麼10年以後，我就可以賺回按揭的$100萬。

現在總投資組合大約虧損一至兩成，中華煤氣（0003）是跟你的分析買入的，是唯一賺錢的股票。中海油（0883）則是我心儀的股票，復星國際（0656）是我的股票經紀推介的，高位$20.2開始買，一路跌，一路買，現在我想是持貨太多了吧，中國信達（1359）是抽籤的，賺過錢，一見跌價又買入，想搏回升，但一直沒起色，我需要更改投資組合嗎？可否給我一點建議，萬分感謝。

基本上，我還可以「長揸」一段時間，只是對0656和1359有點無所適從，不知道應否放棄，然後再買入其他股票？

背景重點：	理財目標：
• 三人家庭 • 月入$16,000 • 物業以$543萬買入，按揭$100萬 • 月供$9,200，10年期 • 現金$10萬	• 如何優化財富結構

從財富分配及大方向上，你做$100萬按揭，然後將資金用於投資創富，是可取的，因為負債佔你的財富比例不多，加上之前的利息很低，適當利用按揭是可以的，只是在投資股票分配上有所不足。

你當初的計劃，打算用中海油（0883）所派出的股息用於供樓，這個方向是可行的，但運作上有兩個問題。第一、過去中海油的股息雖然穩定，但由於盈利來源是賣油，國際油價的波動會直接影響其盈利。近年中海油的盈利已下跌超過一半，為了保持派息，將大部分盈利派出，但以往只會派三、四成，若油價持續下跌，其派息就會影響。

即是說，當我們尋找收息股時，其業務的穩定性很重要，業務不穩，盈利自然不穩，最終令派息不穩，作為收息股，中海油只屬中等。

第二個問題，你不應依賴單一收息股，因為你想以股息作供樓，哪麼的話，股息就要穩定，所以分散投資在數隻收息股，將有助減少風險。在你的組合中，中海油及煤氣可繼續持有，最好加多幾隻收息股平衡，例如港燈（2638）、香港電訊（6823）、合和公路（0737）或房託等。

另外，有關你的投資組合，中國信達（1359）雖然生意盈利都有增長，但業務本質的風險較高，所以亦有保留，股價其實好波動，長線持有未必是好策略。至於復星國際（0656）的本質不差，可惜業務範疇多，分析不易，加上「炒味」濃，我個人不看好，而且股價的變數亦大，長線不是不可，但不宜太大注。至於中海油（0883）及煤氣（0003）都有一定的質素，可長線投資。

善用高息存款戶口

Q162: 成哥：你好，我今年45歲，是股市新手，因一些原因喪失了工作能力，沒有收入。

手上有一個450平方呎的兩房單位，一家四口居住，月供$8,000，市值約$400萬，尚欠銀行$170萬左右，有想過放租，然後就再租一個面積較大的單位，但家人反對。

手上有$200萬現金，另有$80萬友邦保險（1299）（$48.6買入）和$60萬騰訊控股（0700）（$194買入），應該將手頭現金清還樓債嗎？另外，想轉換一些高增長的股票，有推介嗎？我現在這狀況可以怎樣部署呢？請多多指教。

背景重點：	理財目標：
• 45歲，無工作能力 • 股市新手 • 擁400萬元自住物業，月供$8,000 • 現金$200萬 • 股票$140萬	• 應否將現金用於還債

NOTE

龔成老師

首先，不建議你放售物業，雖然大部分人都認為樓價持續高企，有意賣出後暫時租樓，再等樓市跌才再入市。但實際上，誰敢說樓市的走勢會怎麼樣，絕對不應以「估後市」的方法作為策略，每個人都有自住需要，所以千萬不要賣掉自住樓，賣出後會令你由身處「平倉樓市」的狀態，變成「沽空樓市」的狀態（《財務自由行》有解說），對你非常不利。

近年本港仍處於利率不高的環境，根本不必提早還款，因為這樣會浪費了利用「現金貶值、資產增值」的創富規則，我反而建議你轉按到有「按揭掛勾高息存款」（Mortgage Link）的銀行，到時，你就是銀行的「高息存戶」，利率等同於按揭利率，雖然金額數目有上限，但仍然值得做，這將令你的現金能夠有效地運用，宜到銀行了解一下。

另外，以你的年齡及情況，如果只集中持有兩隻股票，風險的確較高，建議你沽出部分現時持股，再買入其他優質股，增加組合股票分佈，平衡風險。除非你是高風險承受的投資者，否則，選股宜找平穩增值型，例如金沙（1928）、盈富（2800）、港交所（0388）、港鐵（0066）、領展（0823）等。另一方面，亦可以考慮投資收息股，公用類、房託等，目的是創造穩定的現金流。因為你是投資新手，宜投資較低風險類別，加上沒有工作的你，其實很需要穩定現金流，所以收息股比較適合你。

比亞迪（1211）是其中一隻你想要的高增長型股票，但坦白講，以你目前情況，即是年齡、收入情況及投資能力，實在不宜大注。雖然你想找高增值股，但「財不入急門」，小心被「想賺錢」的心態影響你理性的思維。另外，還是哪一句，投資股票不是炒炒賣賣賺差價，而是長期持有優質股，合理增值，享受企業成長及股息的現金流，建議你多學習投資知識，這是相當重要的。

物業一變二策略

Q163: 龔老師，本人月入大約$40,000，太太月入$20,000，有一層已供滿居屋。中銀估值約$540萬，手頭現金$80萬，沒有任何負債。本人希望將居屋賣出，轉為兩個私樓物業，應如何部署？謝謝！

背景重點：	理財目標：
• 夫婦合共月入$60,000 • 擁市值$540萬居屋，已供滿 • 現金$80萬 • 沒有負債	• 擁有兩個私樓物業

龔成老師

你以儲資產的概念去儲樓就可以，就算買入後樓價下跌，但策略上是擁有物業，享受長遠財富增值及其現金流，哪就可以了。

策略上，你放售居屋及購買第一層私樓要同步進行，因為這是自住樓，人人都需要，所以無論如何都要令自己起碼持有一個物業，不要令自己處身於沒有物業的風險中。同時，在你們所能承受的風險情況下，這個私樓物業的按揭，盡可能做大額一點也無妨。

經過這轉換物業過程之後，你應擁有一定數目的現金，但你只需撥一部分用來買入低風險的股票，不必太急於買入第二個物業，目標是在三年至六年後再入市二個物業，因為這樣可令你的第一個物業及第二個物業在買入的時間上，適當地分隔一段時間，從而減少在同一週期集中買樓的風險。當然，若你買入第一層物業後，樓市出現明顯下跌，並跌至你心目中的水平，這時候亦是入市時機。

賣樓大賺值得做嗎？

Q164: 剛剛讀完你的書，令我財務知識增加不少。本人正計劃放售持有的521平方呎青衣盈翠半島細單位（放租），因為覺得鄰近荃灣細單位新供應將會大量增加，所以想鎖定利潤（2008年買，物業升值一點五倍），保留實力，等待下一個「人棄我取」的機會。可否給我一些意見？謝謝！

背景重點：	理財目標：
• 持有收租樓 • 物業於2008年買入 • 物業已升值150%	• 賣出物業，再想低位入市

龔成老師

如果你有一個或以上的物業，賣出後再買物業的話，就要付重稅。但如果你只有這一個物業作收租，哪麼售出後，就會沒有了物業資產，日後更可能要將收租樓變成自住樓，甚至可能連自住樓都沒有了。從財富的分配角度分析，重點不是比較「賺多少」，因為「賺多少」是以現金角度作思考單位，這並不是好的財富思維模式，對你所謂「賺得多」、「鎖定利潤」、「等低位再入」等原因而決定賣出物業，概念並不正確。

賣出物業資產後，你的「資產項」會減少，雖然現金（貶值的項目）會增加，但對整體財富增值不利。不過，如果你賣出物業資產後，把賺到的現金作更有效的財富增值，即是說，你要找到另一個比原本更好的「資產」，而你手上又持有很多物業的話，哪麼就可以進行。

記著，「賺差價」概念不是致富之道，而樓市是否見頂亦沒有人會知曉，所以不能單以分析所謂高低為重點，反而應該偏向財富分配層面，分析所持有的是否「資產」，各類別的資產是否平衡擁有，長遠而言，這樣對財富增值才是最有利。

進可攻退可守的策略

Q165: 你好，想請教一下，屋企人現有兩層物業，一層自住，另一層由買入到現在都是放租的，四年前買入價大約$160萬，現在已升值至$300萬左右，月租收入$7,800，月供約$4,000，即是説，每個月都有大概$3,800租金回報。

我想資本增值，應該繼續持有收租，還是換一個面積稍大一點的單位，樓價大概$500萬，然後再放租？又抑或再買多一個細單位收租。請賜教。

背景重點：	理財目標：
• 擁自住及收租物業 • 收租物業於$160萬買入，現值$300萬 • 每月收租$7,800，月供$4,000 • 被動收入$3,800	• 應否再投資多一個物業

NOTE

龔成老師

首先，自往樓不用變動。

至於收租樓方面，最好是保持現狀，繼續收租。如果賣出這個單位，再買更大的單位收租，除非你「小變大」的情況十分明顯，資產結構有明顯改變，否則，你賣出後，只買入一個「大一點」的單位，其實作用有限，還未計算買賣成本，因此不如不變。

另外，在現階段再增加物業資產，我個人有所保留。香港向來地少人多，土地供應長期不足，樓價長遠一定會上升，雖然中短期有機會稍為上落，但近年樓價已愈賣愈貴，超越一般小市民負擔水平。我們做投資，其實是進行財富分配，要分析風險與回報，儘管投資物業回報仍在，但在風險角度考慮下，值博率其實不高，因此未必是好策略。

反而是保留這層收租樓，往後一直收租，讓你「進可攻，退可守」，不斷賺取現金流之同時，投資其他值博率更高的投資工具，無論樓市升跌，你都能夠處於不敗之地。這期間，不如靜待樓市機會，以「樓價跌就買多個物業，不跌就投資其他工具」作為策略，以多角度的模式進行增值計劃，若有機會就買第三層樓收租，時機未到，就運用物業以外工具，由於你本身已有物業，財富分配上已平衡，策略上擁長遠增值的能力。

NOTE

利用房託對沖賣樓風險

Q166: 龔成老師：你好！我與先生都無業，但有一定資產，並有兩個小朋友。現時有數百萬股票及債券，每月收息都有數萬，但支出都不少，每月未能達至收支平衡狀態。

物業方面，我多年前跟親戚合資買樓，我只佔一部分，其實我想問，應否出售我的業權，相信都能套現過百萬。其實，這物業不太適合我一家居住，加上物業質素差。但另一方面，我出售後資產配置又會欠缺物業類別，怎樣好呢？

背景重點：	理財目標：
• 夫婦二人無業 • 擁數百萬股票債券 • 每月收息數萬元 • 未能達至收支平衡 • 擁物業部分業權	• 應否賣出物業業權

NOTE

龔成老師

你與先生都無業，加上現時未能收支平衡，相信目前只有增加收入，才是最重要的事。

你與親戚合資買樓，考慮到合資的問題及物業質素後，較偏向建議你出售業權，原因是合資，麻煩又複雜，就算現時無問題，多年後都可能出問題；加上以現時的情況，這合資物業對你的實質作用不大，你難以自住或留給小朋友，還是早早出售業權好了。

賣出業權後，無疑，你財富組合中，的確是減少了「物業類」的資產項，但其實可以購買房地產信託基金，以彌補物業資產的不足，採取一個「進可攻，退可守」的策略。

越秀房產（0405）、陽光房產（0435）、置富產業信託（0778）、泓富產業信託（0808）、領展（0823）、富豪產業信託（1881）、冠君（2778），都是可取之選，你可買幾隻房託，用來分散分險，平均股息都有5%，可以幫你創造現金流，提升每月收入，達至平衡的狀態。如果樓市上升，你持有的房託都會升值，這樣就可以對沖了你賣出物業業權的風險。倘若樓價下跌，你就等待機會，由於你本身擁有一定的資產，可以把握時機入市，相信這策略較為適合你。

NOTE

憑分配達至財務自由

Q167: 龔成，你好，有些事想向你請教，希望你可以給我一些意見。我今年45歲，兒子兩歲，因為種種私人原因，我最近把手上資產及公司賣掉，現在無職業，也沒收入，租樓住，太太是家庭主婦。手上有現金$1,500萬，家庭每月支出約$70,000。

如果你是我的話，你現時會如何運用這$1,500萬？可以財務自由嗎？

背景重點：	理財目標：
• 45歲 • 夫婦二人無業 • 每月支出$70,000 • 擁有$1,500萬	• 達至財務自由狀態

NOTE

龔成老師

其實$1,500萬可投資的資產項很多，物業、車位、的士牌等，但這類資產都已升值了不少，現在才投資，我略有保留，反而投資其他類別的資產更好，因為以值博率的角度計，其他的投資工具會較佳，但長線仍建議你持有上述類別的資產，幫你增值及產生穩定現金流。但有一點要注意，你現時是租樓住，因此處於「沽空樓市」的狀態，長遠將面對樓價及租金上升的風險，因此把握時機買一層自住樓，對你來説是需要的。

另一方面，相比起樓市，股市門檻低，其實可作為資金分配的其中一部分，只要買入優質股就可以，由於這是長期增值與收息之用，中短期波動毋須太在意。你只要建立一個平衡的投資組合，暫時可將大部分資金投資在股市，部分購買債券，小部分持有現金，並同時靜待樓市及其他投資工具的機會。

在股票部分中，收息股佔七成以上，其餘為平穩增值股，不少收息股如港燈（2638）有6%以上的股息，你可購買收息股及房託，以產生理想的月現金流。

以總財富計算，期望產生5%至6%的利息收入，若以$1,500萬計（實際運作時要視乎多少投資在收息股，如何在增值及收息中取平衡），年收息約有$75萬至$90萬，即是每月收息$62,500至$75,000，已能為你做到財務自由的狀態。

NOTE

資產重組增值術

Q168: 本人每月收入$30,000左右。我有兩層樓，一層市價約$630萬，按揭outstanding是$375萬，net是$255萬左右。另一層樓，市價$320萬，按揭outstanding是$180萬，net是$140萬。另外，亦有一層深圳樓，樓價約值360萬人民幣（即港幣$420萬），無按揭。現金大約有$160萬左右。

我想問：

1. 我應否放售哪層深圳樓？因為都擔心深圳樓價會跌，之前已升很多；加上深圳出租回報率太低，又驚人民幣會跌。
2. 如果賣了哪層深圳樓，然後full pay買多層大約$600萬（賣樓套現$420萬+$160萬現金）的香港樓收租，你認為可行嗎？
3. 又或者，換一個$1,000萬左右較好質素的單位，先賣了深圳樓，再放售香港哪個市值$630萬的物業，這樣就可以把套現所得的$835萬現金買一個市值約$1,000萬的中型單位，差額做按揭，你覺得如何？又還是保留哪個$630萬的單位，直按用（$420萬 + $160萬）去買個$800萬左右的單位，餘額做按揭？
4. 若是揀選$1,000萬的物業，應該揀凱旋門（實呎419、建呎602呎）、囍匯（實呎4XX）、貝沙灣兩房、泓都三房，又抑或寶翠園？

除此之外，如果改買新樓盤又好不好呢？因為我不熟悉這個價位的樓盤，之前又沒參觀過，可以多介紹幾個$1,000萬左右的好樓盤嗎？

同時，我想知道三房大單位會否跑贏兩房？貴價樓又會不會跑贏細價樓？現階段我還未決定買來放租抑或自住，不過，最重要是有質素、有投資和自住價值。

5. 如果賣了深圳哪層樓又如何呢？用（$420萬 + $160萬）買港股2800？然後等股價升兩成至三成後就沽貨，套現買樓？

（續下頁...）

背景重點：	理財目標：
• 月入$30,000 • 物業1：香港物業，市值$630萬，按揭$375萬 • 物業2：香港物業，市值$320萬，按揭$180萬 • 物業3：深圳物業，市值360萬人民幣，無按揭 • 現金$160萬	• 賣出深圳物業後的資產配置

1. 建議賣出深圳樓，所有物業最終的價值源自產生的現金流，租金最終決定樓價，如果現時的租金回報率太低，將來若回升至正常水平，就是價格下跌。另外，現時內地樓市，包括深圳樓價已經上漲不少，樓市明顯過熱，開始出現泡沫，雖然不知還會升多少，但沽出是較好的策略。
2. 如果你本身的財富主要集中在物業投資方面，哪麼套現得來的錢，宜投資其他資產，例如股票或債券，以平衡財富組合的分配。同時，太集中在同一經濟週期增持物業，亦不是好事。當然，倘若樓市真的下滑，則不妨用套現得來的錢低位入市。
3. 以租金回報率來說，樓價$1,000萬以上的物業不是太吸引。所以你提出的兩個方案，我都不建議，因為從投資上，無必要強行追求1,000萬元的單位，我們應從回報率的角度分析。
4. 以$1,000萬樓價來說，凱旋門、貝沙灣等都只能買到很細的單位，特別是凱旋門，我都有去看過，除了景觀及

（續下頁 ...）

高鐵因素外，都不是想像中哪麼好，呎價又偏貴，管理費更貴，若以$1,000萬買個凱旋門細單位，回報與升值都有限。

反而分散在各區買幾個細單位，回報率更高。但如果你怕管理麻煩，只想買一間，在凱旋門、囍匯、貝沙灣、泓都及寶翠園之中，我會選擇寶翠園，因為優點較多，包括校網位置、樓宇質素、實用率、地鐵網、市區樓、該區新樓供應有限等等，都是長遠升值的基礎。

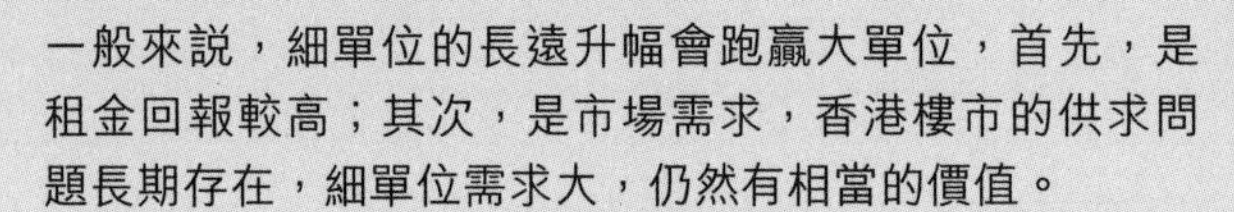

一般來説，細單位的長遠升幅會跑贏大單位，首先，是租金回報較高；其次，是市場需求，香港樓市的供求問題長期存在，細單位需求大，仍然有相當的價值。

5. 其實你要分析的，是改變結構後的財富分配。當你賣樓套現後，你可以用資產負債表檢視個人的財務情況，若是太集中在物業資產，就應該將現金投資其他種類的資產，以平衡風險。

建議你售出大陸的物業後，就把資金平衡分配在股市（因你過去太集中投資樓市），挑選幾隻穩健股票，當中包括盈富基金（2800），同時，亦可投資平穩增值股，長遠對你的財富最為有利。

NOTE

結語 致富關鍵

以上就是我從過萬條讀者問答中精選出來的168條問題，當中包含了理財與致富的方法，雖然部分人會因我的答案而有改變，但有部分人卻只會原地踏步。我希望大家讀完這書後，不只增長知識，還能幫大家解決種種理財問題，助你賺到一個又一個$100萬！

最後，我想分享一個學生個案，該名學生最初只是我的讀者，其後參加了我的講座，並上了我大部分的課程，因此我較為深刻。

我記得我是在2013年一個講座上認識他，這是我較為初期的講座，講座結束後，他主動跟我聊起來，之後還向我請教。他只是一名普通的打工仔，月入約$25,000，一直沒有積蓄，亦從未投資過，但自從他閱讀了我的《80後百萬富翁》後，便有所啟發，他對我説，他的年紀比我大，收入比我高，但財務情況遠比我差，當時可説是甚麼財富也沒有，想知道問題出在哪裡。

其實問題的徵結在於他從不關心自己的財富，腦海中更加沒有儲蓄的概念，更不會有甚麼計劃，他覺得投資就是炒賣，是賭徒與無知婦孺才會做的事，股市更是一個騙人錢財的地方。但自閱讀我的書後，他漸漸明白理財的重要性，因此向我求助。

經過傾談後，發現他消費模式有很大的改善空間，他從不關心自己的錢花在何處，外出飲食消費亦不看價錢，因此，他要成為一名更精明的消費者，不必要的消費，就決不花錢。此外，他又為自己訂立一個明確的儲錢計劃，經了解後，他表示很想累積財富，於是我建議他將「一年儲$10萬」定為目

標，即是每月儲$8,300，起初他亦有所猶疑，但最後都下定決心執行。大半年後，他再次來上課，之後竟然向我道謝，原來他的計劃進度理想，要一年儲得$10萬已不是問題。

由於他已經有基本的流動資金，在保留一小部分的前提下，餘下已可以進行投資，這亦是財富分配中重要的一環。由於當時股市還未火紅，是投資的好時機，我便向他推介了數隻當時仍處於便宜水平的優質股，，絕對適合投資經驗不多的他入市投資。最後，他在$29買入了港鐵（0066），在$38買入了領展（0823），在$22買入了中銀香港（2388），雖然買入後短期已有不錯的升幅，但我叫他堅持，要長線持有。

之後，他一直保持儲蓄，也自行投資一些穩健的股票，到2016年年頭，我再次在課堂上見到他，當時經歷了2015年大時代爆破期，加上中國股市出現小型股災，恒指也跌到20,000點以下，他在整體財富上雖然沒有損失，但所賺的（帳面上）比之前減少了很多。

我在課堂中解釋，只要持有優質股，根本不用理會短期波動，亦毋須在意大市的恐慌情緒，優質股長線總會上升，這刻更是價值投資者出手的時機。當時我自己在$21大手買入金沙中國（1928），同時亦建議同學買入，而他亦是其中一個當時買入的學生。

到了2018年，我再向他了解其最新財務情況，他表示每年儲10萬元已沒難度，更由於大部分投資都有50%至100%的總回報，現時的股票加現金已達80萬元，雖然仍未做到他目標的$100萬，但他當時已表示，很有信心達標。

到了近期的課堂再見面，由於本人的每班人數已增至過百人，與他單獨對話的時間亦減少，他只簡單表示，財富已超過$100萬，並以$300萬作為下一個目標！

各位，這是追隨我多年的學生的真實個案，絕非誇大，只是個案比較典型，而比他累積更多財富的，大有人在，但以他作為分享實證，主要原因是由於他一開始就是零財務知識和零財富。大家細心想想，是否很難做到？再深思一下，若然別人做得到，而你卻做不到，當中又是甚麼原因呢？

若你細心思考上述的問題，你就會發現其中的「致富關鍵」，就以哪名同學為例，除了他非常相信自己能做到之外，其中一個關鍵位，就是他視累積財富為「一件重要的事情」。

他由零財富和零理財概念，到一步步向著$100萬進發，財富並不是忽然降下，而是慢慢地在合理情況下累積。首先，他知道自己知識不足，所以主動學習，然後具體地設定計劃，落實執行，這是最重要的過程。有很多人當學到知識後，就算明白知識的價值，但卻從不行動，這樣的話，當然不會有任何改變。

事實上，他視累積財富為一個重要目標，他每次上課後，都會向我提問，又願意花時間研究，並應用在現實情況中，一遇到問題，就會在網上問我，由於他想擁有財富，也想擁有財務知識，所以他一直努力追求，最終他便成功得到想要的。

追求財富其實不難，難就難在太多人愛理不理，不肯花時間去學習知識，沒有視累積財富為重要目標，以至財務情況一直不佳。其實，致富之路，只需設定具體目標，訂下計劃，落實執行，並從中不斷學習財務知識，財富就自然累積起來，這是一個有紀律的過程，但只要你堅持，你就一定能做到！

希望你在讀完這本書時，同時開始你的累積財富大計，並在此祝願大家早日達成目標！

NOTE

NOTE

80後3百萬富翁

作者　　龔成
出版人　　蔡文遜
執行編輯　　Terry Chui
編輯　　羅美玲
設計總監　　凌耀漢
排版設計　　Billy Ling

出版　　三次坊教室出版有限公司 ｜ Cube Tutor Publishing Ltd.
地址　　九龍尖沙咀金巴利道35號金巴利中心13樓03室
電話　　(+852) 2165 4792
傳真　　(+852) 3007 1931
電郵　　cs@3cube.com.hk
網址　　www.3cube.com.hk

總經銷　　泛華發行代理有限公司
地址　　香港新界將軍澳工業邨駿昌街七號星島新聞集團大廈
電話　　(+852) 2798 2220
傳真　　(+852) 2796 5471
電郵　　gccd@singtaonewscorp.com
網址　　www.gccd.com.hk

承印　　雅聯印刷有限公司
地址　　香港柴灣利眾街35-37號泗興工業大樓8字樓

國際書號　　978-988-78428-9-7
初版日期　　2019年5月
出版日期　　2022年1月（第3版）
定價　　港幣128元